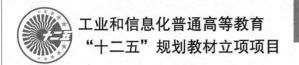

工业和信息化普通高等教育
"十二五"规划教材立项项目

21世纪高等学校规划教材

U0317883

材料力学
实验实训教程

刘丽红 主编

刘维红 刘红维 刘少泷 李永庆 副主编

21st Century University
Planned Textbooks

人民邮电出版社

北　京

图书在版编目（CIP）数据

材料力学实验实训教程 / 刘丽红主编. -- 北京：
人民邮电出版社，2015.2（2017.4重印）
21世纪高等学校规划教材
ISBN 978-7-115-38060-9

Ⅰ．①材… Ⅱ．①刘… Ⅲ．①材料力学－实验－高等
学校－教材 Ⅳ．①TB301-33

中国版本图书馆CIP数据核字(2015)第014735号

内 容 提 要

材料力学实验实训是材料力学课程的重要组成部分，是土建类专业学生必备的基本能力训练，也是工程技术人员必须掌握的一项基本技能。

本书内容分为 5 章：第 1 章为绪论；第 2 章为基本实验实训，主要是工程材料的基本力学性能实验；第 3 章为选择、开放性实验实训，共安排了 21 个实验内容，包括条件比例极限的测定、冲击实验、硬度实验、振动实验、疲劳实验等；第 4 章为数据处理和误差分析；第 5 章附有章实验实训报告，在实际的教学和使用中可以作为参考。

本书适用于土木工程本科专业，也适用于工业与民用建筑、道路桥梁工程技术、铁道工程技术等土建类专业材料力学实验实训课的教学，还可供从事材料性质研究及工程测试的技术人员参考和使用。

◆ 主　　编　刘丽红
　副 主 编　刘维红　刘红维　刘少泷　李永庆
　责任编辑　邹文波
　执行编辑　吴　婷
　责任印制　沈　蓉　彭志环
◆ 人民邮电出版社出版发行　北京市丰台区成寿寺路 11 号
　邮编　100164　电子邮件　315@ptpress.com.cn
　网址　http://www.ptpress.com.cn
　固安县铭成印刷有限公司印刷
◆ 开本：787×1092　1/16
　印张：8.75　　　　　　　　　2015 年 2 月第 1 版
　字数：210 千字　　　　　　　2017 年 4 月河北第 2 次印刷

定价：25.00 元
读者服务热线：(010)81055256　印装质量热线：(010)81055316
反盗版热线：(010)81055315

前　言

为了适应应用性本科的人才培养模式改革和以素质教育为前提、以职业岗位核心技能为导向的课程体系开发，结合应用性本科专业教学资源库的建设，我们编写了这本《材料力学实验实训教程》。

材料力学实验实训是材料力学课程的重要组成部分，是土建类专业学生必备的基本能力训练，也是工程技术人员必须掌握的一项基本技能。通过实验实训，使学生掌握材料力学实验的基本问题和基本技能，培养学生的动手能力及综合运用基础理论和实验手段解决工程实际问题的能力。

本书内容分为 5 章：第 1 章为绪论；第 2 章为基本实验实训，主要是工程材料的基本力学性能实验，包括试验机操作练习、材料在轴向拉伸时的力学性能检测、材料在轴向压缩时的力学性能检测、切变模量 G 的测定、材料在扭转时的力学性能检测、简支梁纯弯曲部分正应力测定、简支梁纯弯曲部分挠度测定、测定弹性模量 E 和泊松比 μ、细长压杆稳定性的测定、主应力实验；第 3 章为选择、开放性实验实训，共安排了 21 个实验内容，包括条件比例极限的测定、条件屈服应力 $\sigma_{0.2}$ 的测定、冲击实验、硬度实验、振动实验、疲劳实验、等强度梁正应力测定、电阻应变片敏感系数标定、拉弯组合时内力素的测定、扭弯组合时内力素的测定、剪切实验、电阻应变仪操作练习、脆性涂层实验、电测综合性实验、表面残余应力测定、光弹性法测应力集中系数、弹塑性应力与电测法的综合实验、组合实验台的综合实验、真应力应变曲线的测定、平面应变断裂韧度 K_{1c} 测定、光弹性的演示实验；第 4 章为数据处理和误差分析，包括统计分析的相关概念、误差的分类、测定量误差的表示法、实验数据的处理、量纲分析和相似理论；第 5 章附有部分实验实训报告，在实际的教学和使用中可以作为参考。

本书适用于土木工程本科专业，也适用于工业与民用建筑、道路桥梁工程技术、铁道工程技术等土建类专业材料力学实验实训课的教学，还可供从事材料性质研究及工程测试的技术人员参考和使用。

本书由刘丽红担任主编，负责整体结构的设计和全书的统稿、定稿。刘维红、刘红维、刘少泷、李永庆担任副主编，王继元参与编写。具体编写分工如下：第 1 章，第 2 章第 6～10 节由刘丽红编写；第 3 章由王继元编写；第 2 章第 1～5 节由刘红维编写；第 4 章第 1～3 节由刘少泷编写；第 4 章第 4～6 节由李永庆编写；第 5 章由刘维红编写。

由于作者水平有限，书中难免存在不足之处，恳请读者批评指正。

刘丽红

2014 年 12 月

目 录

第 1 章
绪论

1.1 概述

　　人类改造世界的重大举措之一，就是进行了一系列重大发明，而实现发明的基本前提之一就是科学研究。实验是进行科学研究的基本方法，同时它还可以对新的理论进行验证。实验，对于力学来说，不管对于材料力学、弹性力学、流体力学还是结构动力学都具有特别重要的意义。众所周知，材料力学中的虎克定律就是虎克于 1668 年到 1678 年间做了一系列的弹簧实验之后建立起来的，它不仅是材料力学中描述线性应力应变关系的重要定理之一，同时也是材料力学的基本定理。工程中使用的固体材料是多种多样的，而且其微观结构和力学性能也各不相同。为了使问题得到解决且不影响实际效果，不仅要对研究对象进行简化，而且要求抓住问题的主要方面来对其进行抽象，在这样的基础上，就产生了将"真实材料理想化、实际构件典型化、公式推导假设化"的解决问题的方法。而这一切，正是建立在实验的基础之上的，即先通过实验验证才能断定简化是正确的，经过工程应用才能把结论进行推广。在实际生活中，尤其在解决材料力学的强度、刚度、稳定性等问题时，经常需要事先测定一些表达力学性能的力学常数。这些力学常数只有靠进行材料实验才能测定。

　　在学科体系的发展中，材料力学作为工科的专业基础课，在一些高等院校均单独开设，而力学性质的材料实验是其重要内容。在实际生活中，有些构件几何形状和载荷都十分复杂，这样要想得到正确的数据，必须借助实验应力分析的手段才能解决。采用应力的方法对复杂构件进行分析是一种新的手段，实验应力分析是一门新兴的学科。材料力学实验适应了材料力学课程发展的需要，它不仅具有自身特色的实验教学环节，而且引入了近代材料力学和实验手段，既提高了学生的动手操作能力，又搭建了学生由学校走向社会的一个平台。通过材料力学实验，学生能掌握测定材料力学性质实验的基本知识，初步掌握验证材料力学理论的基本方法，熟悉常用仪器设备的性能和一般故障的排除。通过了解实验应力分析的基本概念这一教学环节，学生学到测定材料性质实验的基本知识、基本技能和基本方法，熟悉其基本原理。材料力学实验依据基本实验、创新性实验和综合性实验三个阶梯型发展步骤的实验，逐步提高学生的动手操作能力，使学生养成尊重科学、客观认真、奉献进取的良好习惯，这对培养学生的实际工作能力也是有重要意义的。

　　随着生产和生活水平的提高，人们对各种结构和零件有了更新更高的要求，不仅要求质量好，还要求强度高、刚度好和重量轻。这不仅要求理论知识不断丰富，如材料科学、结构分析、材料力学的各种分支快速发展，而且还要求实践知识也不断发展，采用新的实验技术以适应新的要求。

　　实验是科学工作者进行理论验证和创新的重要手段。当然，科学研究的发展必须理论和实践齐头并进，但科学研究必须建立在实验的基础之上。正如笛卡儿所说："决不可过分地相信自己单单从例证和传统说法中所学到的东西。"如致力于科学研究，就必须学会亲自动手进行实验，从实验中获得结果，才能取得成功。第一个用实验来研究结构材料强度的是达·芬奇。他做过各种不同长度铁丝的强度实验，同时也做过梁的弯曲实验。伽利略用实验方法研究了拉伸、压缩及弯曲现象。以后有人进一步用实验证实了伯努利的梁弯曲平面假设理论的正确性。后来，人们开始进行高温下蠕变实验，与此同时也开始了疲劳实验研究。随着生产的发展，材料力学实验所用的试验机和测量仪器也在不断地革新和发展。

　　随着科技的发展，新的实验方法和手段不断地涌现；而在材料力学中，采用实验方法进行应力分析就是一个新的和重要的手段，这些实验手段正在逐步被我国高等学校和研究机构所采用。

　　进行工程设计的根本依据之一是从试验中得到材料的力学性质的参数。为了更好地为生产生活服务，我们必须对试件尺寸和实验方法做统一的规定，实行实验标准化，这样实验结果才具有通用性。材料实验标准化是一项十分重要的工作，它不仅包括材料标准化，还包括其他方面的标准化。此外对所用的仪器和试验机，都规定了它们的最大许可范围，超过误差范围的试验是无效的。标准化水平是衡量一个国家生产技术水平和管理水平的尺度，是现代化发展水平的一个重要标志。

　　认识事物的第一阶段是从理论到实践，进行材料力学这门学科学习也是一样。我们不仅应掌握材料力学理论的基本知识，用理论来指导实践，更重要的是：我们应提高动手能力，通过实践来加深对理论的认识。同时应了解材料力学实验的特殊性，即实验技术、机器设备的操作、现代技术在材料力学实验中的应用以及实验方法等，以培养动手操作能力、观察能力及严谨、严肃、认真的精神和良好的科学研究习惯，为将来走向社会奠定良好的基础。

1.2　实验内容简介

　　材料力学实验包括以下三方面内容。

1. 验证理论性的实验

　　材料力学中的一些公式都是在简化和假设的基础上（平面假设，材料均匀连续性、弹性和各向同性假设）推导出来的。事实上，材料的性质既不是完全均匀，又不是完全弹性的，为保证公式的实用价值，就必须通过实验对根据假设推导的公式加以验证，以确定其使用范围。此外对于一些近似解答能否在工程设计中得以应用，其精确度也必须通过实验校核。本书中介绍的梁弯曲实验、压杆稳定实验等均属于这类实验。

2. 材料的机械（力学）性质实验

　　先通过拉伸、压缩、扭转、冲击、疲劳等实验，测定材料的强度极限、弹性模量、疲劳极限等力学参数。这些参数是设计构件的基本依据。在其基础之上，了解材料的强度、刚度、韧度、硬度等特性，以此建立强度条件。材料的机械（力学）性质实验，要依据国家规范，按照标准化的程序来完成。通过这类实验，既能掌握其测试方法，又可以巩固所学的材料机械性质的知识。

3. 应力分析实验

　　近年来发展起来的有限元法，经过适当的简化，可以对工程中很多实际构件的受力情况进行分析。但其计算结果的精确性，还需通过实验应力分析进行验证。实验应力分析的方法应用面很宽，例如，零件设计中的应力集中系数的确定、建筑结构的应力实测等，均用到该方法。本书将对其中最基本的电测法和光弹性法做较详细的讲述。

1.3　实验时的注意事项

材料在常温、静载荷（指从零缓慢地增加到标定值的载荷）情况下，在强度和变形等方面表现出来的性质，称为材料的力学性能。力学实验主要测量作用在试件上的载荷以及由此引起的试件变形。在材料力学实验中，载荷可以由几吨增加到几十吨，一般载荷要求较大，加载设备也需较大的规格；相反材料变形很小，绝对变形可以小到 0.001mm，相对变形（应变）可小到 $10^{-5} \sim 10^{-6}$mm，因而变形测量设备必须精密。在进行实验时，为保证实验的有效性，实验人员一般以组为单位，要由组长统一指挥，组员分工明确，相互配合，对力与变形要同时进行测量。为提高实验的成功率，在实验前、实验中和实验后都应精心准备，且应注意以下几个方面。

1.3.1　实验前的准备工作

首先，明确实验的目的，理解实验的内容，了解实验仪器，掌握实验原理和牢记实验步骤，然后准备好所用的试件（或模型）。要了解试件的材料，缺陷程度是否满足要求，试件的尺寸公差、表面粗糙度是否符合要求；这些都要严格进行检查，然后对试件的尺寸进行仔细的测量。先估算应加载荷，草拟加载方案。

此外，根据实验数据记录的需要，设计记录表格。实验时既要保证小组成员个人数据正确，又要注意整体的配合和实验的效率。小组成员既应分工明确，操作时又要互相协调，这样实验才能收效明显。要有统一指挥，以免配合不当导致整个实验失败。如力和变形的测量，要同时进行，如操作不一致，不仅测出的力不能代表在相应变形下的力，而且测出来的变形也不能代表在相应载荷作用下的变形。总之，实验时应做到互相呼应，彼此协调。参加实验的小组成员可做以下分工。

1. 记录者一人

实验中，记录者对实验整个过程要进行全面客观的记录，尤其是关键点的把握，实验现象的描述等。记录的数据是对这次实验过程的真实反映，不仅要求客观而且要求准确，记录的好坏不仅影响到实验的成功率还会影响实验的完整等，因此在实验中起着关键作用。

2. 测变形者一人

负责这项工作的人，在此实验前应尽可能做一次预备实验，进一步了解设备的性能和注意事项，应深入了解仪表的功能，弄清仪表的单位和放大倍数，以免读错；了解仪器常规问题的处理，如发现仪表失常，立即停车检查，同时负有监管仪表受损的责任。

3. 试验机操作者及测力者一人

负责此项工作的人员事先要试车，要注意安全。在实验前要熟悉机器操作规程，实验中要严格遵照规程进行操作，避免人为地减免实验步骤，同时注意实验过程中关键点的控制，如发现试验机异常时应立即停车。要掌握实验内容，理解此次实验仪器和设备的配套选择（在教学实验中，一般要指定实验用的机器和仪器，并对怎样进行选择应当有所了解），如在试件拉伸、剪切、弯曲或扭转中，应需要怎样的载荷、载荷的大小等。实验的目的决定了载荷的性质，而试件（或模型）尺寸和材料决定了实验中载荷的大小。准备工作是前提，准备越充分，实验进行越顺利，成功的可能性越大。

1.3.2　进行实验

在正式开始实验之前，要检查试验机测力盘指针是否对准零点，试件装置是否正确，所用的材料是否准备齐全等。待指导老师检查无误后方可开动机器。第一次加载，可不做记录（不允许重复加载的试验除外），观察各部分变化是否正常，如果正常，再正式加载并开始记录。此时，记录者及操作者均需养成科学客观记录数据的习惯，按照实验步骤，全身心地进行工作。实验完毕，要检查数据是否准确、齐全，数据结果是否正确（注意精度要求）。对设备及时清理，对常规问题及时处理，一般故障要及时排除。把使用完毕的仪器放回原处，对产生的实验垃圾及时处理（放到规定地方）。

1.3.3　实验报告的书写

做实验是实验者从理论知识到实践认识的第一次飞跃，而实验报告的书写是实验者从实践认识到理论知识的第二次飞跃，是对知识的重新再认识的过程，是实验者的最终成果，是对此次实验和相关知识的完整总结。

实验报告应当包含下列内容。

① 实验名称，同组人员，指导老师，实验班级，实验地点，实验时间及实验条件的描述。

② 实验目的，实验原理，实验内容，实验步骤，实验装置及仪器设备（注意精度）及实验耗材的准备。

③ 实验数据的记录及处理。在记录纸上绘制的表格内填入测量数据。填表时，要注明测量单位，如 g 或 kg 等。此外，本身的精度和有效数字在仪器测量时还应特别注意。仪器的最小刻度应当代表仪器的精度。也就是说，在正常状况下，仪器所给出的最小读数，应当在允许误差范围之内。例如，百分表的最小刻度是 0.01mm，其精度即为百分之一毫米。但实际测量时可估计到最小刻度的十分位，例如 0.328mm，其中最后一位数字 8 就是估计出来的，所以该数为三位有效数字。因此，一定要注意数值后面的单位和精度，且全部测量结果的变化情况，均应在表格填写中清楚明了地体现。

在实验时，由于环境条件的差异和所取材料的细小差别，在多次测量同一物理量时，每次所测得的数据并不完全相同，这是因为不仅仪器的精度有限，再加上实验时客观因素复杂，不可避免地就会产生误差。由统计学的知识可知，对于同一物理量，对其进行多次测量，所得的各项数据的算术平均值为最优，也最接近真值。故在材料力学实验中，往往对同一物理量多次测量，并取其算数平均值，用此来作为此物理量的最佳值。

④ 计算。在材料力学实验中，应注意有效数字的计算法则，以免计算或记录过多的位数，既不准确又浪费时间。如截面面积 $A=1.32cm \times 3.24cm$ 的计算结果，不必写成 4.2768，而写成 $A=4.28cm^2$ 即可（要求保留两位有效数字）。在一般的材料力学实验中，可选取三位有效数字。

在计算中，所用到的各种公式，必须明确地列出，并注明公式中各种符号所代表的意义和单位。

⑤ 结果的示意。在实验中，首先应对测得的数据进行科学客观的记录和整理，并借助数学手段，准确计算实验结果。这些数学手段，常采用图表或曲线来表达。在用曲线表示时，图中应注明坐标轴所代表的物理量和比例尺，尽可能绘在方格纸上，这样既准确又科学。实验的坐标点要用常用的记号进行示意。当连接曲线时，应当根据多数点的所在位置，描绘出光滑的曲线或用最小二乘法或协调法进行计算，选出最佳曲线。根据数据的需求，选择合适的图表进行表达。

⑥ 认真填写实验报告。结合客观情况，对此次实验结果进行分析，提出自己的结论，并在实验报告中有所体现；总结本次实验的优缺点，并对误差加以分析，还要针对老师指定的思考问题，提出自己的见解，尽可能写出实验心得。这既能提高实际操作能力，又有助于对理论知识进行深化理解。

总之，整个实验过程可以分为以下三部分。

第一部分，认真进行实验准备。做好试验机及仪表、工器具和材料的准备工作，复习操作规程，理解实验步骤。实验指导老师要对一般实验的常规问题能及时进行检查、核实和处理，在正式开始实验之前，一般先做一次预备实验，观测试验机和仪表的运行是否正常，总结这次实验可能的注意事项，预测学生在实验中可能出现的问题，并做好应对措施，同时应做好学生实验耗材的准备工作。学生在做实验之前，仪器设备一定要经过老师的检查，按照操作规程和实验步骤进行操作，对于实验中的注意事项要足够重视，要认真细致地进行实验观测。

第二部分，科学实验，准确记录。在正式实验前，最好先施加载荷，观察其现象。发现正常后，再开始测取数据。对实验数据的记录要求客观、完整和准确。要认真仔细地进行观测，实事求是地进行记录和计算，养成科学、严谨的习惯。

第三部分，书写报告。实验报告应按要求规范书写，对于实验目的和要求要明确，理解实验内容和原理，了解仪器设备的工作原理和常见问题的处理。对数据处理的结果要记录完整，严格书写实验步骤，注意操作方法的正确选取，曲线、图表齐全，计算有公式且计算无误（要注意精度），同时对实验记录的数据做出处理，并对实验结果进行讨论和分析，最后进行总结（针对此次实验，在现有的环境下，得到怎样的结果）同时写出实验心得。

做实验，一定要注意实验环境条件（如温度、湿度等）对实验数据的影响，要培养学生养成客观记录实验数据的习惯，同时要注意实验仪器的精度，注意实验误差的分析和校正。在了解仪器的操作规程和掌握实验步骤的前提之下，不违反原则的情况下，还应大胆地进行改革和创新，变验证性实验为创新性实验，提高创新能力和动手操作能力。

第2章
基本实验实训

2.1 实验实训一 试验机操作练习

2.1.1 试验机的一般介绍

在材料力学的实验中，最常用的设备是材料试验机，它是对试件（或模型）施加载荷用的。

根据所加载荷性质的不同，试验机可分为静载荷试验机和动载荷试验机两种；根据工作条件，试验机又可划分为常温试验机、高温试验机和低温试验机三种；根据所加载荷的形式不同，试验机又可分为拉力试验机、压力试验机和扭转试验机等。对于同一台机器，如同时兼做拉伸、压缩和弯曲等多种试验，那么就被称为万能试验机。所加载荷的大小，大的由几吨到十几吨，甚至达到几千吨，小的可达 1～2 kg。现在所做的材料实验一般是在常温、静载的万能试验机上进行的，也有在拉力试验机或扭转试验机上完成的。

1. 试验机的一般组成

试验机的种类很多，一般有两个基本组成部分。

（1）加载部分

它是对试件施加载荷的装置，油泵在左边，其他部分主要安装在右边。所谓加载，就是借助一定的动力和传动装置迫使试件发生变形，使试件进而受到力的作用。

（2）测力部分

它是传递和显示出所受载荷大小的装置，主要安装在设备的左边。在其左边，还安装了一种自动绘图器的装置，在实验的过程中，它能自动地绘出试件所受的载荷和变形之间的关系曲线。为保证实验的可靠性，试验机的安装均需满足一定的技术条件，其中一条重要的规定就是，要求试验机载荷的示值误差要在 1%以内[①]。试验机均有一定的使用期限，到期后要及时进行检定（此项工作由国家计量机关统一进行），检定的方法可按照"材料试验机检定规程"进行。

2. 常用的试验机

常用的试验机有万能试验机和扭力试验机等。

2.1.2 WE-10型液压摆式万能材料试验机

在材料力学实验中，最常用的是万能材料试验机。它可以做拉伸、压缩、剪切、弯曲等实验，

---

① 试验机的测力装置在它的每一个度盘的20%以上的载荷示值时，要求误差在示值的±1%以内。

故习惯上称它为万能材料试验机，简称为全能机。全能机有多种类型，下面介绍最常用的万能材料试验机的构造、工作原理及操作规程。

WE-10 型液压摆式万能材料试验机的外形如图 2-1 所示，它的构造示意图如图 2-2 所示。

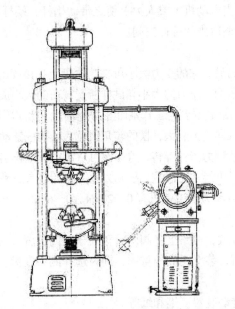

图 2-1　液压摆式万能材料试验机的外形

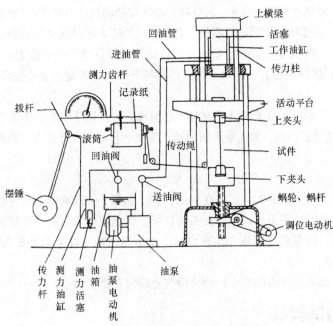

图 2-2　液压摆式万能材料试验机的构造

1．构造原理

（1）加力部分

在试验机的底座上，装有两根传立柱，传立柱支撑着上横梁及工作油缸。当开动油泵电动机后，电动机带动油泵，将油箱里的油经油管和送油阀送至工作油缸，从而推动其活塞、使上横梁、传立柱和活动平台向上移动。如将拉伸试样装于上夹头和下夹头内，当活动平台向上移动时，因下夹头不动，而上夹头随着平台向上移动，则试样受到拉伸；如将试样装于平台的承压座即活动台上下垫板之间，平台上升到与上垫板接触时试件就承受压力时，则试样受到压缩。如果拉伸试件的长度不同，可开动下夹头电动机（或人力）使之带动蜗杆、蜗杆再带动蜗轮，蜗轮再带动丝杆使下夹头上、下移动，调整适当的拉伸空间。

（2）测力部分

装在试验机上的试样受力后，它的受力大小可在测力盘上直接读出。试样受到载荷的作用，工作油缸内的油就具有一定的压力。压力的大小与试样所受载荷的大小成比例。而测力油管将工作油缸与测力油缸连通，则测力油缸就受到与工作油缸相等的油压。此油压推动测力活塞，带动传力杆，使摆杆和摆锤绕拔杆转动。试样受力越大，摆的转角也越大。摆杆转动时，它上面的推杆便推动水平齿条，从而使测力齿杆带动测力指针旋转，这样便可从测力盘上读出试样受力的大小。摆锤的重量可以调换，一般试验机可以更换三种锤重，故测力盘上也相应有三种刻度，这三种刻度对应着机器的三种不同的量程。WE-10 型万能试验机有 0～20kN、0～60kN、0～100kN 三种测量量程。

2. 操作步骤

① 检查保险开关是否有效，油路上各阀门是否处于关闭位置，夹头是否与试件相匹配。

② 根据所需的最大载荷，装上相应的重锤，同时选择测力度盘。如附有可调整的缓冲器时，应相应地调整好。

③ 装好自动绘图器的传动装置、笔和纸等。

④ 开启油泵电动机，检查运转是否正常。然后打开送油阀门，缓慢向工作油缸输油。待活动台上升 10mm 左右，将送油阀关至最小，调整测力指针和随动指针对准零点。若卸载或试件断裂时，测力指针迅速退回，而随动指针则停留不动，它所显示的即为卸载或试件断裂时的最大载荷值。

⑤ 安装试样。压缩试样必须放置垫板。拉伸试样则须调整下夹头位置，使拉伸区间与试样长短相适应。注意：试样夹紧后，绝对不允许再调整下夹头，否则会造成烧毁下夹头电动机的严重事故。

⑥ 实验完毕，立即停车取下试样（有时要在泄油后，再取下试件，例如非断裂实验）。这时关闭送油阀，缓慢打开回油阀，使油液泄回油箱，活动平台回到原始位置。最后将一切机构复原，并清理机器。

3. 注意事项

① 开车前和停车后，送油阀一定要在关闭位置。加载、卸载和回油均应缓慢进行。

② 拉伸试样夹住后，不得再调整下夹头的位置，以免使带动下夹头升降的电动机烧坏。

③ 机器运转时，操纵者必须集中注意力，中途不得离开，以免发生安全事故。同时在实验过程中不得触动摆锤。

④ 在使用时，如听到异声或发生任何故障应立即停车进行检查。

2.1.3 扭力试验机

扭力试验机是一种可对试样施加扭矩并能指示出扭矩大小的机器，是一种专供扭转试验用的设备。它的类型有好多种，构造也各有不同。但一般由加载和测力两个基本部分组成。下面介绍两种常见的类型。

1. K-50 型扭力试验机

此种试验机采用机械传动加载，用摆式机构测示扭矩。它的量程随所用摆锤的不同重量而分三种，分别是：0～10kg·m、0～20kg·m、0～50kg·m；相应的精度分别为 0.5N·m（0.05kg·m）、1.0N·m（0.10kg·m）、2.0N·m（0.20kg·m）。它适用于直径为 10～25mm、长度为 100～700mm 的试件。

K-50型扭力试验机的外形如图2-3所示，其传动系统如图2-4所示。

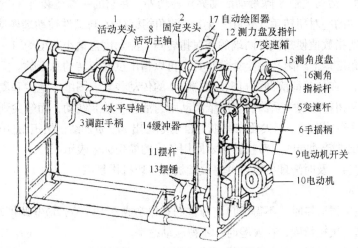

图 2-3　K-50 型扭力试验机的外形

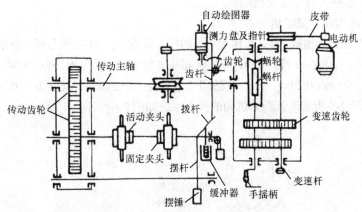

图 2-4　K-50 型扭力试验机传动系统

（1）操作步骤

① 检查试验机夹头1、2的形式与试件是否配合，测角度盘15和变速杆5应调到正确位置，检查自动绘图器17工作是否正常。

② 根据试件所需的最大扭矩，选择适宜的测力盘12并配置相应的摆锤13。

③ 当摆杆保持铅垂时，测力盘指针12应对准零点。否则，松开度盘上的螺母，转动测角度盘使指针对准零点，再拧紧螺母。

④ 安装试件。先将试件的一端放在固定夹头2中，摇动调距手柄3，使活动夹头1连同与它在一起的齿轮箱沿传动主轴8和水平导轴4移动，使试件另一端插入活动夹头中后，先夹紧固定夹头，再夹紧活动夹头。

⑤ 加载。有以下两种加载方式。

手摇加载：将变速杆5放在"空转"位置，摆动手摇柄6，带动变速箱中的轴Ⅱ等传动系统，使传动主轴 8、活动夹头 1 以及试件发生旋转。同时，另一端便带动与之相连的摆杆和摆锤 13，使它抬起，这样试件便承受扭矩作用产生扭转变形。

电动加载：先将变速杆放在轴Ⅰ的两个齿轮之一，后开动电动机带动轴Ⅰ和轴Ⅱ等传动系统，对试件进行加载。

⑥ 测扭转角。活动主轴 8 除带动活动夹头转动外，在它的一端还装有一个测角度盘 15，用它指示试件转动端的绝对扭转角。测角度盘上的测角指标杆16与试件被动端连动，因此测角指标杆在测角度盘上所指数值便是试件两端的相对扭转角。测角度盘最小刻度为 1°，因此只适用于测量大变形。测角度盘上还附有一个计数装置，可以指出试件扭转的总圈数。

⑦ 自动绘图。在加载荷前调好自动绘图器 17 的传动装置、图纸、笔尖和墨水，就可以记录实验过程中扭矩和扭转角的关系曲线。图纸滚动则与活动主轴 8 联动，而笔尖则由推动测力指针的齿杆带动。随着实验进行，笔尖便在图纸上自动地绘出 M_n-φ 曲线。扭矩 M_n 用曲线上各点的纵坐标来表示，而试件转动端的绝对扭转角 φ 则用各点的横坐标来表示。

⑧ 实验做完后，及时清理机器，并将试验机的一切机构复原。

（2）注意事项

① 操作者在机器运转时，不得擅自离开，如有异响或发生故障，应立即停车。

② 为保证测读扭矩精度，在实验时，不得触动摆锤。

③ 为防止开车后打滑，试件应夹紧。装试件时，夹板座不许突出太多，以防脱落。

④ 先取下手摇柄，再给电动机加载。

2. NN-100A 型扭力试验机

此机是一种机械传动加载，摆式机构测扭矩的扭力试验机。它有三种量程：200N·m（20kg·m）、500N·m（50kg·m）、1000N·m（100kg·m）；相应的精度分别为 0.4N·m（0.04kg·m）、1.0N·m（0.10kg·m）、2.0N·m（0.20kg·m）。它适用于直径为 10～20mm、长度为 100～600mm 的试件。试验机的外形如图 2-5 所示，其测力机构的传动系统如图 2-6 所示。

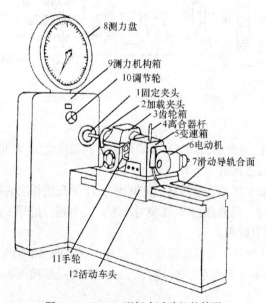

图 2-5　NN-100 型扭力试验机的外形

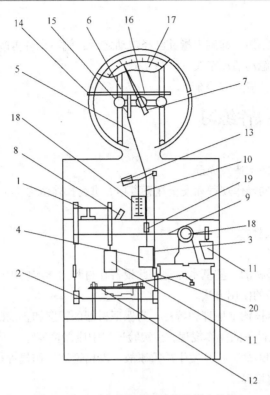

图 2-6　NN-100 型扭力试验机的测力机构

1—反向杠杆，2—变支点杠杆，3—拉杆，4—摆锤，5—拨杆，6—推杆，7—指针，8—限位开关，9—大杠杆，10—摆杆，11—平衡铊，12—滑架，13—调节轮，14—调零手轮，15—轮，16—绳轮，17—表盘，18—被动夹头，19—游铊，20—六角接头

（1）操作步骤

① 检查试验机固定夹头 1、加载夹头 2 的形式是否与试件配合，离合器杆 4 是否放在正确位置上。

② 根据试件所需的最大扭矩，转动调节轮 10 至相应位置，以选择适当的测力盘 8。

③ 安装试件。先将试件一端装在固定夹头 1 中，向左移动活动车头 12 并转动加载夹头 2，使试件的另一端插入加载夹头 2 中。

④ 旋动调零手轮使测力度盘上的指针对准零。

⑤ 加载也有手动和电动之分。

手动加载：将离合器杆调到中央位置上（即"空车"位置），用手转动手轮 11 加载。

电动加载：选用离合器杆可使加载夹头具有四种转速：7°/min、21°/min、60°/min、180°/min。电动加载时，先将离合器杆 4 调到欲用的转速位置上，按下开关按扭（"正向""反向"均可），开动电动机 6，通过变速箱 5、齿轮箱 3 等传动系统，使加载夹头 2 顺时针（或逆时针）传动，试件便产生扭转变形。

试件受力后，固定夹头就会旋转一个不大的角度（不超过 2°7'），与固定夹头连接在一起的大杠杆也就跟着旋转。无论这种旋转是顺时针的还是反时针的，通过反向杠杆、变支点杠杆，使拉杆下行。拉杆下行的结果，一方面扬起摆锤来平衡加载夹头加在试样上的力偶，使试件受到扭矩的作用，另一方面带动拨杆、推杆，使指针旋转，从而在表盘上显示试样所受的扭矩。如所加扭矩超过了所用的测力量程，则扬起的摆杆上的一个弹簧片就会使限位开关动作，切断电源，自动停车。

（2）注意事项

① 一旦试样承受了扭矩，即测力指针已经走动之后，就不允许再改变量程。

② 在实验时，不得触动活动车头。

③ 如发生异常现象，应立即停车。

2.1.4 试验机操作练习

1. 实验实训目的

① 了解万能试验机的构造及原理。

② 学习万能试验机的操作规程和安全注意事项，进行操作练习，为今后其他实验奠定基础。

2. 实验实训设备

万能试验机或拉力试验机。

3. 实验实训要求

前面已经了解了试验机的一些基本原理，此设备在材料力学实验中经常用到，在本实验中通过动手操作，学习该设备的使用方法。

任何设备都有它的具体构造原理和特性，为保证机器的精度和正确的运行，都会制定一些操作规程。使用前，应熟悉设备的操作规程，在实验过程中应严格遵守。否则，不仅实验结果错误，还会影响到设备的精度和寿命，甚至发生严重事故。严格遵守操作规程是一种严谨的工作作风，在日常的学习中应当注重培养。

4. 实验实训步骤

结合具体机器，认识其主要部件及其作用，认真听取老师对设备的介绍，了解试验机的性能特点。

学习试验机的操作规程、安全注意事项和操作方法。

严格按照操作规程进行操作，着重练习以下环节。

① 试验机是否处于正常状态：试件要求和夹头形式要保持一致，油路阀门和操纵机构要处于正确开始位置，自动绘图器和保险开关能正常工作。

② 测力度盘和相应的摆锤应根据最大载荷，进行合适的选取。

③ 零点是否对准，即测力指针是否对准测力盘的零点，随动指针和测力指针应靠拢。

④ 试件安装。对于拉伸试件，夹持长度至少等于夹头长度，且将试件夹正。对于压缩试件，为保证试件承受中心的拉、压，应把试件摆正、对中。

⑤ 对试件加载应慢速进行。当加至指定的最大值时，慢慢卸载，并取下试件。

⑥ 关闭电源，并将试验机的一切机构复原。

在整个练习过程中，应注意观察自动绘图器是否正常工作。

5. 实验实训结果的处理

实验结束后，应认真总结实验收获，认真填写实验报告。报告应含以下4方面内容。

① 实验目的。

② 所用试验机的外形图型号和主要性能。

③ 根据外形图，说明试验机主要部件的名称和作用。

④ 总结实验时注意事项，掌握试验机的操作规程。

6. 实验实训注意事项

① 在设备使用之前，必须经老师同意。

② 在操作过程中严格遵守操作规程，严禁擅自离开操纵台。

③ 加载时应慢速均匀。卸载时也应慢速卸载至所需值。

思考题

① 对于油压试验机，为什么活动台升起一定高度后才调整零点？

② 加载和卸载时的速度应如何控制？

③ 如何选择测力盘和摆锤？

④ 试验机的安全注意事项有哪些？

2.2　实验实训二　材料在轴向拉伸时的力学性能检测

拉伸实验是对试件施加轴向拉力，以测定材料在常温静载荷作用下力学性能的实验。它是材料力学最基本、最重要的实验实训之一。拉伸实验简单、直观、技术成熟、数据可比性强，是最常用的实验手段，由此测得的材料力学性能指标，成为考核材料的强度、塑性和变形能力的最基本依据，被广泛而直接地应用于工程设计、产品校验、工艺评定等方面。

2.2.1　实验实训目的

（1）测定低碳钢拉伸时的屈服强度 R_{eL}，抗拉强度 R_m，断后伸长率 A 和断面收缩率 Z。

（2）测定铸铁拉伸时的强度极限 R_m。

（3）观察拉伸过程的几个阶段、现象及载荷—伸长曲线。

（4）比较低碳钢与铸铁抗拉性能的特点，并进行断口分析。

2.2.2　实验实训设备与工具

（1）微机控制电子式万能试验机。

（2）刻线机或小钢冲。

（3）游标卡尺。

2.2.3　试件

为使实验结果具有可比性，不受其他因素干扰，实验应尽量在相同或相似条件下进行，国家为此制定了实验标准，其中包括对试件的规定。

试验时采用国家规定的标准试样。金属材料的试样如图 2-7 所示。

试件中间是一段等直杆，等直部分划上两条相距为 l_0 的横线，横线之间的部分作为测量变形的工作段，l_0 称为标距；两端加粗，以便在试验机上夹紧。规定圆形截面试样的标距 l_0 与直径 d_0 的比例为 $l_0=10d_0$（长比例试件）或 $l_0=5d_0$（短比例试件）；规定矩形截面试样的标距 l_0 与截面面积 S_0 的比例由 $l_0=K\sqrt{S_0}$ 计算而得，式中 l_0 为标距，S_0 为标距部分原始截面积，系数 K 通常为 5.65 和 11.3（前者称为短比例试样，后者称为长比例试样）。

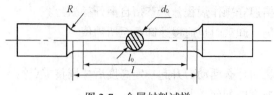

图 2-7　金属材料试样

本实验采用长比例圆试件。图 2-7 所示为一圆试件图样，试件头部与平行部分要过渡缓和，减少应力集中，其圆弧半径 R 依试件尺寸、材质和加工工艺而定，对 $d=10mm$ 的圆试件，$R > 4mm$。试样头部形状依试验机夹头形式而定，要保证拉力通过试件轴线，从而不产生附加弯矩，其中部平行长度 $l > l_0+d$。为测定延伸率 A，要在试件上标记初始标距 l_0，可采用划线或打点法，用一系列等分格标记。

2.2.4　实验实训原理与方法

拉伸实验是测定材料力学性能最基本的实验之一。材料的力学性能如屈服点、抗拉强度、断后伸长率和断面收缩率等均是由拉伸实验测得的。

1. 低碳钢试样的拉伸实验

（1）载荷-伸长曲线的绘制

通过与试验机连接的计算机可自动绘成以轴向力 p 为纵坐标，试件的伸长量 Δl 为横坐标的载荷伸长曲线（$P—\Delta l$ 图），如图 2-8 所示。低碳钢的载荷-伸长曲线是一种典型的曲线，整个拉伸变形分为 4 个阶段，即弹性阶段、屈服阶段、强化阶段和颈缩阶段。

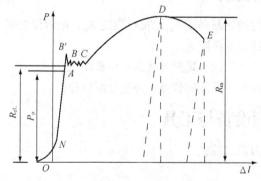

图 2-8　低碳钢 $P—\Delta l$ 曲线

（2）屈服点的测定

图中最初画出的一小段曲线是由于试件装夹间隙所致。载荷增加，变形与载荷成正比增加，在 $P—\Delta l$ 图上为一直线，即直线弹性阶段。过了直线弹性阶段，尚有一极小的非直线弹性阶段。因此，弹性阶段包括直线阶段和非直线阶段。

当载荷增加到一定程度，在 $P—\Delta l$ 图上出现一段锯齿形曲线，此段即屈服阶段。经过刨光的试样，在屈服阶段可以观察到与轴线大约成 45° 的滑移线纹。曲线在屈服阶段初次瞬时效应之后的最低点所得的载荷作为屈服载荷 P_s，与其对应的应力称为屈服极限 R_{eL}，有

$$R_{eL}=P_s/S_0 \qquad\qquad （2-1）$$

式中　S_0——试件标距范围内的原始横截面面积，单位为 mm^2；

P_s——屈服载荷，单位为 N；

R_{eL}——屈服应力，Mpa。

（3）抗拉强度的测定

超过屈服强度值后，随着载荷的增加，试件恢复承载能力，$P—\Delta l$ 图形的曲线上升，此即强化阶段。载荷增加到最大值处，显示器上"峰值"的数字停止不变。试件明显变细变长，$P—\Delta l$ 图形的曲线下降；试件某一局部截面面积急速减小而出现"颈缩"现象，很快即被拉断，试件断裂面成凹凸状，即进入颈缩阶段。"峰值"上的数字就是最大载荷值 P_b，按式（2-2）计算抗拉强度 R_m，有

$$R_m = P_b / S_0 \qquad (2\text{-}2)$$

式中，P_b、R_m、S_0 的单位分别为 N、Mpa、mm^2。

试样断后标距部分长度 l_1 的测量：将试样拉断后的两段在拉断处紧密对接起来，尽量使其轴线位于同一条直线上。拉断处由于各种原因形成缝隙，则此缝隙应计入试样拉断后的标距部分长度内。l_1 可用下述方法之一测定。

① 直测法：如拉断处到邻近标距端点的距离大于 $l_0 / 3$ 时，可直接测量两端点间的长度。

② 断口移位法：如拉断处到邻近标距端点的距离小于或等于 $l_0 / 3$ 时，则可按下法确定 l_1。

在试样断后的长段上从断裂处 0 取基本等于短段的格数，得 B 点。接着取等于长段所余格数（偶数）的一半，得 C 点（见图 2-9（a））；或取所余格数（奇数）分别减 1 与加 1 的一半，得 C 和 C_1 点（见图 2-9（b））。位移后的标距分别为：

$l_1 = AB + 2BC$（所余格数为偶数）$= a + 2b$

$l_1 = AB + BC + BC_1$（所余格数为奇数）$= a + b_1 + b_2$

测量了 l_1，按下式计算断后伸长率，即：

式中，A 为断后伸长率，l_0 为试样原始标距，l_1 为试样拉断后标距。

$$A = \frac{l_1 - l_0}{l_0} \times 100\% \qquad (2\text{-}3)$$

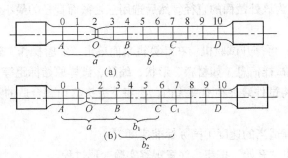

图 2-9　断口移位法示意图

短、长比例试样的伸长率分别以 A_5、A_{10} 表示。

拉断后缩颈处截面积 A_1 的测定如下。

圆形试样在缩颈最小处两个相互垂直方向上测量其直径，用二者的算术平均值作为断口直径 d_1，来计算其 S_u。断面收缩率按下式计算。

式中，Z 为断面收缩率，S_0 为试样原始截面积，S_u 为试样拉断后颈缩处的最小截面积。

$$Z = \frac{S_0 - S_u}{S_0} \times 100\% \qquad (2\text{-}4)$$

最后，在进行数据处理时，按有效数字的选取和运算法则确定所需的位数，所需位数后的数

字，按四舍六入五成双法则处理。

2. 灰铸铁试样的拉伸实验

灰铸铁这类脆性材料拉伸时的载荷—变形曲线不象低碳钢拉伸那样明显可分为弹性、屈服、强化、颈缩四个阶段，而是一根非常接近直线状的曲线，并没有下降段。灰铸铁试样是在非常微小的变形情况下突然断裂的，断裂后几乎测不到残变形。注意到这些特点，可知灰铸铁不仅不具有 R_{eL}，而且测定它的 A 和 Z 也没有实际意义。这样，对灰铸铁只需测定它的强度极限 R_m 就可以了。

测定 R_m 可取制备好的试样，只测出其截面积 S_0，然后装在试验机上逐渐缓慢加载直到试样断裂，记下最后载荷 P_b，据此即可算得强度极限 $R_m = \dfrac{P_b}{S_0}$。

不同钢材的屈服阶段图如图 2-10 所示。

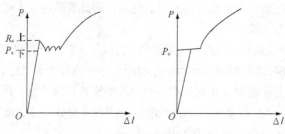

图 2-10　不同钢材的屈服阶段

2.2.5　实验实训步骤

1. 低碳钢拉伸实验

① 准备试件。用刻线机在原始标距 l_0 范围内刻画圆周线（或用小钢冲打小冲点），将标距分成等长的 10 格。用游标卡尺在试件原始标距内两端及中间处两个相互垂直的方向上各测一次直径，取其算术平均值作为该处截面的直径。然后选用三处截面直径的最小值来计算试件的原始截面面积 S_0。

② 先打开计算机，再打开试验机。在计算机桌面单击"实验操作"进入试验界面，然后，单击"新建试样"输入试样信息（如材料、形状、编号、试样原始标距等），单击确定。

③ 装夹试件。先将试件装夹在上夹头内，再将下夹头移动到合适的夹持位置，最后夹紧试件下端。

④ 各项清零，选择适当的速度（国际标准速度）。

⑤ 准备就绪后单击"开始"按钮，注意观察实验变形过程。

⑥ 待试件断裂后单击"停止"按钮（如：能自动判断断裂停止则不需要点击"停止"按钮）。

⑦ 单击"实验分析"进入实验分析界面，在所需要的实验结果前面打上对号，单击"自动计算"（如弹性模量、断后伸长率等），最后打印实验报告。

⑧ 结束实验。先关试验机，再关计算机。

2. 灰铸铁拉伸实验

除不必刻线或打小冲点外，其余都与低碳钢的实验过程相同。

3. 结束实验

请指导老师检查实验记录。将实验设备、工具复原，清理实验现场。最后整理实验数据，完成实验报告。

思考题

（1）复习材料力学实验和材料力学教材有关内容，明确实验实训目的和要求。

（2）实验时如何观察低碳钢的屈服点？测定时为何要对加载速度提出要求？

（3）比较低碳钢拉伸、铸铁拉伸的断口形状，分析其破坏的力学原因。

（4）由拉伸实验所确定的材料力学性能数值有何实用价值？

（5）为什么拉伸实验必须采用标准试样或比例试样？材料和直径相同而长短不同的试样，它们的延伸率是否相同？

2.3　实验实训三　材料在轴向压缩时的力学性能检测

2.3.1　实验实训目的

（1）测定低碳钢压缩时的屈服极限 R_{eLc}。

（2）测定铸铁压缩时的屈服极限 R_{mc}。

（3）观察并比较低碳钢和铸铁在压缩时的变形和破坏现象。

2.3.2　实验实训设备与工具

（1）压力机或万能试验机。

（2）游标卡尺。

2.3.3　试件

试件加工需按《金属室温压缩实验方法》（GB/T 7314—2005）的有关要求进行。当试件发生压缩时，试件端部横向变形受到端面与试验机承垫间的摩擦力影响，使试件变形成"鼓形"。这种摩擦力的影响，使试件抗压能力增加。试件越短，影响越显著。当试件高度相对增加时，摩擦力对试件中部的影响就会减少，当试件过于细，又容易产生弯曲。因此，压缩试件的抗压能力与其高度 h_0 和直径 d_0 的比值 h_0/d_0 有关。由此可见，压缩实验是有条件的，只有在相同的实验条件下，才能对不同材料的性能进行比较，所以金属材料压缩破坏实验用的试件，一般规定试件比值 h_0/d_0 为 1～3，为了使试件尽量承受轴向压力，试件两端必须平行，平行度 $\leqslant 0.02\%h_0$，并且与试件轴线垂直，垂直度 $<0.25°$。两端面应制作得尽量光滑，以减少摩擦力的影响。

2.3.4　实验实训原理与方法

以低碳钢为代表的塑性材料，轴向压缩时会产生很大的横向变形，但由于试件两端面与试验机支承垫板间存在摩擦力，约束了这种横向变形，故试件出现显著的鼓胀。

塑性材料在压缩过程中的弹性模量、屈服点与拉伸时相同，但在到达屈服阶段时不像拉伸实验时那样明显，因此要仔细观察才能确定屈服载荷 P_S。当继续加载时，试样越压越扁，由于横截面面积不断增大，试样抗压能力也随之提高，曲线持续上升。除非试件过分鼓出变形，导致柱体表面开裂，否则塑性材料将不会发生压缩破坏。因此，一般不测塑性材料的抗压强度，而通常认为抗压强度等于抗拉强度。

以铸铁为代表的脆性金属材料，由于塑性变形很小，所以尽管有端面摩擦，鼓胀效应却并不明显，而是当应力达到一定值后，试样在与轴线成 45°～55° 的方向上发生破裂。这是由于脆性材料的抗剪强度低于抗压强度，从而使试样被剪断。

低碳钢的压缩曲线（即 $P—\triangle l$ 曲线）如图 2-11 所示，超过屈服点之后，低碳钢试样由原来的圆柱形逐渐被压成鼓形，如图 2-12 所示。继续不断加压，试样将愈压愈扁，但总不破坏。所以，低碳钢不具有抗压强度极限（也可将它的抗压强度极限理解为无限大），低碳钢的压缩曲线也可证实这一点。

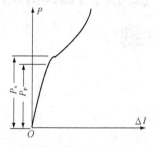

图 2-11　低碳钢压缩曲线

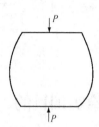

图 2-12　压缩时低碳钢变形示意图

灰铸铁在拉伸时属于塑性很差的一种脆性材料，但在受压时，试件在达到最大载荷 P_b 前将会产生较大的塑性变形，最后被压成鼓形而断裂。铸铁的压缩曲线（$P-\triangle l$ 曲线）如图 2-13 所示，灰铸铁试样的断裂有两个特点：一是断口为斜断口，如图 2-14 所示；二是按 P_b/S_0 求得的 R_{mc} 远比拉伸时为高，大致是拉伸时的 3～4 倍。灰铸铁这类脆性材料的抗拉抗压能力相差这么大主要与材料本身情况（内因）和受力状态（外因）有关。铸铁压缩时沿斜截面断裂，其主要原因是由剪应力引起的。假使测量铸铁受压试样斜断口倾角 a，则可发现它略大于 45°，断裂面不是最大剪应力所在截面，这是由于试样两端存在摩擦力造成的。

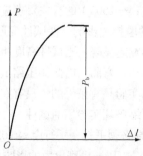

图 2-13　铸铁压缩曲线

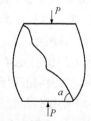

图 2-14　压缩时铸铁破坏断口

2.3.5　实验实训步骤

（1）用游标卡尺在试样两端及中间处两个相互垂直的方向上测量直径，并取其算数平均值，选用三处测量最小直径来计算横截面面积。

（2）试验机初运行。在通电状态下，打开计算机，进入软件状态。然后，按下电控柜面板上的电源按钮。

（3）在计算机上双击实验软件图标，进入实验操作。

（4）准确地将试样置于试验机活动平台的支承垫板中心处。

（5）调整试验机夹头间距，当试样接近上支承垫板时，开始缓慢、均匀加载。

（6）对于低碳钢试样，将试样压成鼓形即可停止实验。对于铸铁试样，加载至试样破坏时立即停止实验，以免试样进一步被压碎（铸铁试样需加防护罩，以防碎片飞出伤人）。

（7）结束实验。先关试验机，再关计算机。

2.3.6　实验实训结果处理

根据实验记录，计算应力值。

（1）低碳钢的屈服强度：$R_{\text{eLc}} = \dfrac{P_{\text{s}}}{S}$。

（2）铸铁的抗压强度：$R_{\text{mc}} = \dfrac{P_{\text{b}}}{S}$。

思考题

（1）为什么铸铁试样压缩时，破坏面常发生在与轴线大致成 45°～55° 的方向上？

（2）试比较塑性材料和脆性材料在压缩时的变形与破环形式有什么不同？

（3）将低碳钢压缩时的屈服强度与拉伸时的屈服强度进行比较，将铸铁压缩时的抗压强度与拉伸时的抗拉强度进行比较。

（4）铸铁的破坏形式说明了什么？

（5）低碳钢和铸铁在拉伸及压缩时机械性质有何差异？

2.4　实验实训四　切变模量 G 的测定

2.4.1　实验实训目的

（1）测定低碳钢材料的切变模量 G。

（2）验证材料受扭时在比例极限内的剪切虎克定律。

2.4.2　实验实训原理与方法

圆轴受扭时，材料处于纯剪切应力状态。在比例极限以内，材料的剪应力 τ 与剪应变 γ 成正比，即满足剪切虎克定律：

$$\tau = G\gamma \tag{2-5}$$

由此可得出圆轴受扭时的虎克定律表达式。

$$\Phi = \frac{M_{\text{n}} l_0}{G I_{\text{p}}} \tag{2-6}$$

式中，M_{n} 为扭矩，l_0 是试件的标距长度，I_{p} 为圆截面的极惯性矩。

通过扭转试验机，对试件逐级增加同样大小的扭矩 $\triangle M_{\text{n}}$，相应地由扭角仪测出相距为 l_0 的两个截面之间的相对扭转角增量 Φ_{r}。如果每一级扭矩增量所引起的扭转角增量 $\triangle \Phi_{\text{i}}$ 基本相同，这就验证了剪切虎克定律。根据测得的各级扭转角增量的平均值 $\triangle \Phi$，可用下式算出切变模量。

$$G = \frac{\Delta M_n l_0}{\Delta \phi I_p} \qquad (2\text{-}7)$$

2.4.3　实验实训设备与工具

（1）扭力试验机。它的构造、工作原理及使用方法如前面所述。

（2）游标卡尺。

（3）扭角仪。

钢在弹性范围内，两截面间的相对扭角是非常微小的，用扭转试验机上的测角装置是难以精确测读的。需要具有放大倍数大、精度高的专门仪器，这种仪器一般称为扭角仪。扭角仪的种类很多，按其结构来分，有机械式、光学式和电子式等。但它们的基本原理是相同的，都是将试件某截面圆周绕其形心旋转的弧长与其另一截面圆周绕其形心旋转的弧长之差进行放大后再测读。

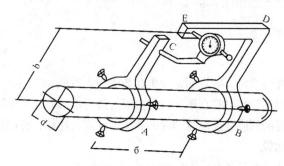

图 2-15　机械式扭角仪

图 2-15 所示的是一种机械式扭角仪。在试件的 A、B 两截面处，分别装上了测角仪的两根臂杆 AC 和 BDE，以放大 A、B 两截面圆周绕其形心旋转的弧长。如果用千分表来放大、测读两臂杆的相对旋转弧长，那就是机械式扭角仪（如果用镜片来代替二臂杆，分别用光杠杆放大 A、B 两截面圆周旋转的相对弧长，就成为镜式扭角仪。如果差动变压器替代千分表，可将二臂杆的相对旋转弧长，以电量讯号输出，再接上二次显示仪表，就是电子式扭角仪）。

当试件受扭时，固夹在试件上的 AC，BDE 杆就会绕试件轴转动，曲杆 BDE 就会使安装在 AC 杆上的千分表指针走动。设指针走动的位移为 δ，千分表推杆顶针处 E 到试样的轴线的距离为 b，则 A、B 截面的相对扭转角为

$$\varphi = \frac{\delta}{b} \qquad (2\text{-}8)$$

（注意：这样计算出来的 φ 的单位为弧长。）

2.4.4　实验实训步骤

（1）测量试件直径 d。在试件的标距内，用游标卡尺量测中间和两端等三处直径，每处测一对正交方向，取平均值，作为计算截面极惯性矩 I_p 之用。

（2）拟定加载方案。根据试样的直径 d，求出抗扭截面模量 W_n，估计试件材料的剪切比例极限 τ_p，按下式求出应加在试样上的最小和最大扭矩值：

$$(M_n)_{min} = (0.10 \sim 0.20) \tau_p W_n$$

$$(M_n)_{max} = (0.75 \sim 0.85) \tau_p W_n$$

材料的强度越高，$(M_n)_{min}$ 越应取得接近上限，$(M_n)_{max}$ 越应取得接近下限。对低碳钢来说，

可取$(M_n)_{\min}=0.10\,\tau_p W_n$，$(M_n)_{\max}=0.80\,\tau_p W_n$。至于$\tau_p$能从有关手册中查得更好，否则可按$\tau_p=0.80\,\tau_p$来估计。

根据拟定的$(M_n)_{\min}$和$(M_n)_{\max}$来选择扭转试验机的使用量程。

在$(M_n)_{\min}$和$(M_n)_{\max}$的范围内分 4～5 级进行加载，确定每级的扭矩增量$\triangle M_n$，这增量要使扭角仪有明显的读数变化。

（3）安装扭角仪和试件。在试件的标距两端，装上扭角仪。先将试件的一端装入扭转试验机的固定夹头，然后，将另一端装入主动夹头，用扳物拧紧夹紧螺栓，防止试验时打滑。

（4）用扭转试验机上的手摇装置，施加扭矩到$(M_n)_{\max}$，与此同时，检查扭转试验机和扭角仪的运行是否正常，然后卸载到$(M_n)_{\min}$以下少许，处于待令工作状态。

（5）测读数据。加载到$(M_n)_{\min}$，读取扭角仪上的相应初读数。此后，每加载一级扭矩增量$\triangle M_n$，读取相应的扭角仪读数，直到扭矩加到$(M_n)_{\max}$为止。

（6）结束工作。测读完毕，首先取下试件，然后卸下扭角仪。

2.5　实验实训五　材料在扭转时的力学性能检测

2.5.1　实验实训目的

（1）测定铸铁的扭转强度极限τ_b。

（2）测定低碳钢材料的扭转屈服强度τ_s及扭转强度极限τ_b。

（3）观察比较两种材料的扭转变形过程中的各种现象及其破坏形式，并对试件断口进行分析。

2.5.2　实验实训设备及工具

（1）扭力试验机。

（2）刻度尺。

（3）游标卡尺。

2.5.3　实验实训原理与方法

扭转破坏实验是材料力学实验最基本、最典型的实验之一。将试件两端夹持在扭力试验机的夹头中。实验时，一个夹头固定不动，另一个夹头绕轴转动，从而使试件产生扭转变形，同时，试件承受扭矩M_n。从计算机可以采集相应的扭矩M_n和扭转角ϕ，从而绘出M_n-ϕ曲线图。

将试件装在扭力试验机上，开动机器，给试件加扭矩。利用机器上的自动绘图装置，可以得到M_n-ϕ曲线，也叫扭矩图。低碳钢试件的M_n-ϕ曲线，如图 2-16 所示。

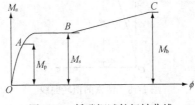

图 2-16　低碳钢试件扭转曲线

起始直线段 OA 表明试件在这阶段中的 M_n 与 ϕ 成比例，截面上的剪应力呈线性分布。在 A 点处，M_n 与 ϕ 的比例关系开始破坏，此时截面周边上的剪应力达到了材料的剪切屈服极限 τ_s，相应的扭矩记为 M_p。由于这时截面内部的剪应力尚小于 τ_s，故试件仍具有承载能力，M_n-ϕ 曲线呈继续上升的趋势。

扭矩超过 M_p 后，截面上的剪应力分布发生变化，如图 2-17 所示。在截面上出现了一个环状塑性区，并随着 M_n 的增长，塑性区逐步向中心扩展，M_n-ϕ 曲线稍微上升，直到 B 点趋于平坦，截面上各材料完全达到屈服，扭矩度盘上的指针几乎不动或摆动，此时测力度盘上指示出的扭矩或指针摆动的最小值即为屈服扭矩 M_s，如图 2-17 所示。根据静力平衡条件，可以求得 τ_s 与 M_s 的关系为

$$M_s = \int_A \rho \tau_s \mathrm{d}A \tag{2-9}$$

将式中 $\mathrm{d}A$ 用环状面积元素 $2\pi\rho\mathrm{d}\rho$ 表示，则有

$$M_s = 2\pi\tau_s \int_0^{d/2} \rho^2 \mathrm{d}\rho = \frac{4}{3}\tau_s W_p \tag{2-10}$$

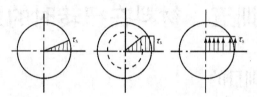

(a) $M_n \leqslant M_p$时   (b) $M_s > M_n > M_p$时   (c) $M_n = M_s$时

图 2-17 截面上的剪应力分布

故剪切屈服极限 $\tau_s = \dfrac{3M_s}{4W_p}$，式中 $W_p = \dfrac{\pi d^3}{16}$ 是试件的抗扭截面模量。

继续给试件加载，试件再继续变形，材料进一步强化。当达到 M_n-ϕ 曲线上的 C 点时，试件被剪断。由测力度盘上的被动计可读出最大扭矩 M_b，可得剪切强度极限。

$$\tau_b = \frac{3M_b}{4W_p}\left(W_p = \frac{\pi d^3}{16}\right) \tag{2-11}$$

铸铁的 M_n-ϕ 曲线如图 2-18 所示。

而铸铁从开始受扭，直到破坏，近似为一直线，按弹性应力公式，其剪切强度极限为

$$\tau_b = \frac{M_b}{W_p}\left(W_p = \frac{\pi d^3}{16}\right) \tag{2-12}$$

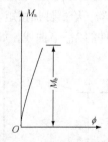

图 2-18 铸铁的扭转曲线

试件受扭，材料处于纯剪切应力状态，在垂直于杆轴和平行于杆轴的各平面上作用着剪应力，

而与杆轴成45°角的螺旋面上。则分别只作用着 $\sigma_1=\tau$、$\sigma_3=-\tau$ 的正应力，如图2-19所示。由于低碳钢的抗拉能力高于抗剪能力，故试件沿横截面剪断，而铸铁的抗拉能力低于抗剪能力，故试件从表面上某一最弱处，沿与轴线成45°方向拉断成一螺旋面。

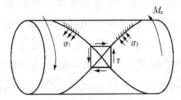

图2-19 试件受扭的应力分布

低碳钢试件在受扭的最初阶段，扭矩 M_n 与扭转角 ϕ 成正比关系，横截面上剪应力沿半径线性分布，如图2-17（a）所示。随着扭矩 M_n 的增大，横截面边缘处的剪应力首先达到剪切屈服极限 τ_s，且塑性区逐渐向圆心扩展，形成环形塑性区，如图 2-17（b）所示。但中心部分仍然是弹性的。试件继续变形，屈服从试件表层向中心部分扩展直到整个截面几乎都是塑性区，如图 2-17（c）所示。在 M_n-ϕ 曲线上出现屈服平台。在机器上可读出相应的屈服扭矩 M_s，随后，材料进入强化阶段，变形增加，扭矩随之增加，直到试件破坏为止。因扭转无颈缩现象，所以，扭转曲线一直上升而无下降情况，试件破坏时的扭矩即为最大扭矩 M_b。扭转屈服极限 τ_s 及扭转强度极限 τ_b 分别为

$$\tau_s=M_s/W_p, \quad \tau_b=M_b/W_p$$

式中 $W_p=\dfrac{\pi d^3}{16}$ 为试件抗扭截面模量。

铸铁扭转时，在很小的变形下发生破坏。图2-18为铸铁的扭转曲线。从扭转开始直到破坏为止，扭矩 M_n 与扭转角 ϕ 近似成正比关系，且变形很小。试件破坏时的扭矩即为最大扭矩 M_b，可根据式（2-13）计算出扭转强度极限 τ_b，即

$$\tau_b=M_b/W_p \tag{2-13}$$

试件受扭，材料处于纯剪切应力状态，如图2-19所示。在与杆轴成 ±45° 角的螺旋面上，分别受到主应力 $\sigma_1=\tau$、$\sigma_3=-\tau$ 的作用。

试件扭转破坏的断口形式是，低碳钢圆形试件的破坏断面与轴线垂直，显然是沿最大剪应力的作用面发生断裂，因剪应力作用而剪断，故低碳钢材料的抗剪能力低于抗拉（压）能力；铸铁圆形试件破坏断面与轴线成 45° 螺旋面，破坏断口垂直于最大拉应力 σ_1 方向，断面呈晶粒状，这时正应力作用下形成脆性断口，故铸铁材料是当最大拉应力首先达到其抗拉强度极限时，在该截面发生拉断破坏。

2.5.4 试件

根据国家标准 GB/T 10128—88《金属室温扭转试验方法》规定，扭转试件可采用圆形截面，也可采用薄壁管，对于圆形截面试件，采用直径 $d_0=10mm$、标距 $l_0=50mm$ 或 $100mm$，平行段长度 $l=l_0+2d_0$。本实验采用圆形截面试件。

2.5.5 实验实训步骤

（1）用游标卡尺测量试件直径，求出抗扭截面模量 W_p。在试件的中央和两端共三处，每处测一对正交方向，取平均值作该处直径，然后取三处直径最小者，作为试件直径 d，并据此计算 W_p。

（2）根据求出的 W_p、估计试件材料的 τ_b，求出大致需要的最大载荷，确定所需的机器量程。

（3）将试件两端装入试验机的夹头内，调整好绘图装置，将指针对准零点，并将测角度盘调整到零。

（4）用粉笔在试件表面上画一纵向线，以便观察度件的扭转变形情况。

（5）对于低碳钢试件，可以先用手动（或慢速电动加载）缓慢而均匀地加载，当测力指针前进速度渐渐减慢以至停留不动或摆动，这时，它表明的值就是 M_s（注意：指针停止不动的时间很短，因此要留心观察）。然后卸掉手摇柄，用电动加载（或换成快速电动加载）直至试件破坏并立即停车。记下被动指针所指的最大扭矩，注意观察测角度盘的读数。

（6）铸铁试件的试验步骤与低碳钢相同，可直接用电动加载，记录试件破坏时的最大扭矩值。

思考题

（1）根据拉伸、压缩和扭转三种实验的结果，从载荷-变形曲线、强度指标及试件上一点的应力状态图和破坏断口等方面综合分析低碳钢与铸铁的机械性质。

（2）铸铁扭转破坏断口的倾斜方向与外加扭矩的方向有无直接关系？为什么？

（3）低碳钢拉伸屈服极限和剪切屈服极限有何关系？

2.6　实验实训六　简支梁纯弯曲部分正应力测定

2.6.1　实验实训目的

（1）测定梁在纯弯曲时横截面上正应力的大小和分布规律。

（2）验证纯弯曲梁的正应力计算公式。

2.6.2　实验实训设备与工具

（1）组合实验台中纯弯曲梁实验装置。

（2）静态电阻应变仪与预调平衡箱。

（3）游标卡尺、钢板尺。

2.6.3　实验实训原理与方法

根据平面假设和纵向纤维间无挤压的假设，可以得到纯弯曲梁横截面的正应力理论计算公式：

$$\sigma = \frac{M \cdot y}{I_z} \tag{2-14}$$

式中　M——横截面弯矩；

　　　I_z——横截面对形心主轴（即中性轴）的惯性矩；

　　　y——所求应力点到中性轴的距离。

由式（2-14）可知沿横截面高度正应力按线性规律变化。

为了测量梁在纯弯曲时横截面上正应力的分布规律，在梁的纯弯曲段沿梁侧面不同高度，平行于轴线贴有应变片，如图 2-20 所示。

本实验采用半桥单臂、公共补偿、多点测量方法。加载采用增量法，即每增加等量的载荷 ΔP，测出各点的应变增量 $\Delta\varepsilon$，然后分别取各点应变增量的平均值 $\overline{\Delta\varepsilon_i}$ 依次求出各点的应变增量。

$$\sigma_{i\text{实}}=E\Delta\varepsilon_{i\text{实}} \tag{2-15}$$

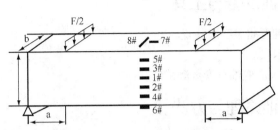

图 2-20 应变片在梁中的位置

式中，E 为材料的弹性模量。

最后将实测应力值与理论应力值进行比较，以验证弯曲正应力公式。

2.6.4 实验实训步骤

（1）根据材料的屈服极限 σ_s，拟定加载方案。

（2）选用试验机测力盘，复习试验和操作规程。

（3）将各工作片、补偿片接入预调平衡箱，各点预调平衡。

（4）检查及试车。请指导教师检查后，开始试车。上升试验机工作台。当试验机压头接近横梁时，减慢上升速度，以防急剧加载，损坏试件。加载至预定载荷的最大值时，慢慢卸载，检查试验机，应变仪是否处于正常状态。

（5）进行试验。再次预调平衡，分级加载，逐次逐点进行测量，记下读数，直至最大载荷，测量完毕后，卸载。上述过程重复两次，以获得具有重复性的可靠试验结果。

① 实验值计算。根据测得的各点的应变值 ε_i 求出应变增量平均值 $\overline{\Delta\varepsilon_i}$，代入虎克定律计算各点的实验应力值，因 $1\mu\varepsilon=10^{-6}\varepsilon$，所以，各点实验应力计算如下。

$$\sum_{i\text{实}}=E\,\overline{\Delta\varepsilon_i}\times10^{-6} \tag{2-16}$$

② 理论值计算。各点理论值计算：

$$\sigma_{i\text{理}}=\frac{\Delta M\cdot y_i}{I_z} \tag{2-17}$$

③ 绘出实验应力值和理论应力值的分布图。分别以横坐标轴表示各测点的应力 $\sigma_{i\text{实}}$ 和 $\sigma_{i\text{理}}$，以纵坐标轴表示各测点距梁中性层位置 y_i，选用合适的比例绘出应力分布图。

思考题

（1）虎克定律是在轴向拉伸情况下建立的，为什么计算纯弯曲的实测正应力时仍然可用？

（2）在梁的纯弯曲段内，电阻应变片粘贴位置稍左或稍右对测量结果有无影响？为什么？

（3）试分析影响实验结果的主要因素是什么？

（4）实验结果和理论计算是否一致？如不一致，其主要影响因素是什么？

（5）弯曲正应力的大小是否会受材料弹性系数 E 的影响？

2.7 实验实训七 简支梁纯弯曲部分挠度测定

2.7.1 实验实训目的

测定梁的线位移和转角，将实测结果与理论计算值进行比较，验证线位移和转角公式的正确性。

2.7.2　实验实训设备与工具

（1）组合试验台中纯弯曲梁实验装置。

（2）钢板尺、游标卡尺。

（3）XL2118系列力&应变综合参数测试仪。

2.7.3　实验实训原理与方法

在梁的两端对称截面处加载，梁的中点 C 处的线位移 y_c 可以直接由该处的千分表测读。为测量梁端 B 截面处的转角，在该处用螺钉固定一长度为 e 的小竖直杆，在其杆端处安置一千分表。当梁变形时，小竖直杆的转角与梁端截面的转角相等。所以由千分表测得的杆端处的水平位移 δ，除以杆长，即为梁端截面的转角 θ_B。转角公式为

$$\theta_B \approx \tan\theta_B = \delta/e \text{（记梁中点为 } C \text{、一端点为 } B \text{）} \tag{2-18}$$

实验在弹性范围内进行，采用等量增载法加载。

梁中点 C 处线位移的理论计算公式为

$$y_c = \frac{Pa}{48EI}(3l^2 - 4a^2) \tag{2-19}$$

梁端 B 截面转角的理论计算公式为

$$\theta_B = \frac{Pa}{2EI}(l-a)\text{（记跨度为 } l \text{、跨度作用点位置为 } a \text{）} \tag{2-20}$$

2.7.4　实验实训步骤

（1）用游标卡尺测量梁的中间及两端的截面尺寸，取其平均值。

（2）将梁安装在支座上，用钢板尺测量其跨度作用点位置 a 及小竖直杆的高度 e。

（3）拟定加载方案。

（4）在指定位置安装千分表。

（5）组织加载、测读和记录人员，分工配合。

（6）实验测读。先加一初载荷，记录千分表初读数，以后逐级等量加载 ΔP。每增加一次载荷，记录一次两个千分表的读数，直到最终值为止。

（7）测量完毕，卸载，将机器（仪器）复原并清理场地。

（8）进行数据处理，填写实验报告。

思考题

（1）对于实验结果的准确性，你认为主要影响因素是什么？

（2）对于本次实验装置测得的弹性模量 E，你认为能否使用？

2.8　实验实训八　测定弹性模量 E 和泊松比 μ

2.8.1　实验实训目的

（1）在比例极限内验证虎克定律，并测定钢材的弹性模量 E 和泊松比 μ。

（2）学习拟定实验加载方案。

2.8.2　实验实训设备与工具

（1）万能试验机或拉力试验机。

（2）杠杆式引伸仪或其他形式的引伸仪。标距大小和引伸仪的精度选择有关。在本次实验中，测定钢材的弹性模量时，采用 2cm 长的标距，引伸仪上每一刻度分格代表的数值不大于 $\dfrac{1}{500}$ mm 即可。

（3）游标卡尺，钢板尺。

2.8.3　实验实训原理与方法

1.　测定弹性模量 E 的原理

采用拉伸实验测定钢材的弹性模量。在比例极限内，钢材服从虎克定律，其关系式为

$$\Delta l = \frac{Pl_0}{EA_0} \tag{2-21}$$

所以

$$E = \frac{Pl_0}{\Delta l A_0} \tag{2-22}$$

在试件上安装测量轴向伸长的杠杆式引伸仪，加载荷 P 即可以从引伸仪标距范围内的轴向伸长量 Δl，通过式（2-22）即可计算出钢材的弹性模量 E。

为了验证虎克定律和消除测量中可能产生的误差，一般采取增量法。所谓增量法就是把预加的最终荷载分成若干等份，逐级加载来测量试件的变形。假设试件横截面面积为 A_0，引伸仪标距为 l_0，各级载荷增加量相同并等于 ΔP，各级伸长的增加量为 $\delta(\Delta l)_i$，则式（2-22）可改写为

$$E_i = \frac{\Delta P l_0}{\delta(\Delta l)_i A_0} \tag{2-23}$$

式中，下角标 i 为加载级数（$i = 1, 2, 3, \cdots, n$）。

如用引伸仪读数直接表示，由于

$$\delta(\Delta l)_i = \frac{\Delta N_i}{m} \tag{2-24}$$

式中，ΔN_i 为每级引伸仪读数的增加量，m 为引伸仪的放大倍数，这样式（2-24）可改写为

$$E_i = \frac{\Delta P l_0 m}{\Delta N_i A_0} \tag{2-25}$$

这就是用增量法测弹性模量 E 的计算公式。

由实验可以发现：在各级载荷增量 ΔP 相等时，相应的由引伸仪测出的伸长增加量 $\delta(\Delta l)$ 也相等，这就验证了虎克定律的正确性。

由于实验开始时引伸仪机构间存在间隙，其刀刃往往在试件表面上有微小的滑动，从而影响读数的准确性；同时为了夹牢试件和消除试验机机构之间的空隙，必须加一定量的初载荷。按国家标准 GB/T228-2010 中的规定，初载荷应为试验机所用度盘量程的 10%，但不小于试验机最大负荷的 4%。

在试验前要拟定加载方案。拟定加载方案时根据上述要求，一般考虑以下几点。

① 最大应力值不能超过比例极限，以此保证在比例极限内进行试验。

② 初载荷可按所用度盘量程的 10%或稍大于此标准来选定。

③ 每级加载应使引伸仪的读数有明显的变化，且至少应有 4～5 级加载。

为了加载方便，最好把 ΔP 取为整数。

以上介绍的是用引伸仪测定 E 值的静载法。目前国内推广使用的电子万能试验机，可以迅速精确地描绘出材料拉伸的 σ-ε 曲线，从曲线上测得可靠的 E 值和其他数据。

2. 测定泊松比 μ 的原理

测定泊松比 μ 可在试件的一个侧面上安装两个相互垂直的引伸仪，分别测量轴向伸长 Δl 和横向缩短 $\Delta l'$ 值。

试验也采用增量法。每增加同样大小的载荷 ΔP，由二引伸仪分别测出相应变形的增加量 $\delta(\Delta l)_i$ 和 $\delta(\Delta l')_i$，并各除以引伸仪的标距，即得轴向和横向应变的增加量 $\Delta \varepsilon_i$ 和 $\Delta \varepsilon'_i$ 值，其比值 $\mu = \left| \dfrac{\Delta \varepsilon'_i}{\Delta \varepsilon_i} \right|$ 即为泊松比。

以上所述即为测定材料泊松比 μ 的静载法，也可在试件的一个侧面上安装两个相互垂直的变形传感器，并通过函数记录仪记录 ε'-ε 曲线（ε' 输入函数记录仪的 y 方向，ε 输入函数记录仪的 x 方向）。ε'-ε 曲线上直线段的斜率即为被测材料泊松比 μ 的数值。

2.8.4 实验实训步骤

1. 试件准备

根据试件的实验段的范围，测量试件三个横截面处的截面尺寸，取三处横截面面积的平均值以此作为试件的横截面面积 A_0 值。

2. 拟定加载方案

可以根据上述方法拟定加载方案。

3. 试验机准备

测力度盘可根据最终载荷的大小合适选取。调整测力指针，对准"零"点。

4. 安装引伸仪和仪器

安装引伸仪应正确，小心。应使引伸仪的两刀刃和螺杆支点位于试件的对称平面内。

5. 检查及试车

先检查以上步骤完成的落实情况。接着开动试验机，预加载荷至接近最终载荷数值，再卸载至初载荷以下。进一步检查试验机和仪器是否处于正常状态。

6. 开始实验

开始加载至初载荷时，记下此时引伸仪的初读数，用手摇装置缓慢地逐级加载，且每增加一级载荷，记录一次引伸仪读数。仔细计算引伸仪先后两次读数的差值，借以判断工作是否正常。继续加载到最终数值为止。

为保证实验的准确性，重复次数以三次以上为宜。

2.8.5 实验实训结果处理

（1）取出最好的一组数据按照式（2-24）计算出每次伸长增加量 $\delta(\Delta l)_i$，以载荷 P 为纵坐标，伸长 Δl 为横坐标，做出 P-Δl 图。观察各点是否近似在一条直线上，以验证虎克定律的正确性。在作图时，应使用坐标纸，并选择合适的比例尺。

（2）按式 2-25 计算每次的弹性模量，再取其算术平均值。

（3）用相同的原理计算每次横向缩短的增加量，计算每次的泊松比，再取算术平均值，从而计算泊松比。

思考题

（1）进行实验时，为什么要用等量增载法？用等量增载法求出的弹性模量与一次加载到最终值所求出的弹性模量是否相同？

（2）实验时，为什么要加初载荷？

（3）试件的尺寸和形状对测定弹性模量有什么影响？

（4）可以采取什么措施来消除加载偏心的影响？

2.9　实验实训九　细长压杆稳定性的测定

2.9.1　实验实训目的

（1）用电测法测定两端铰支压杆的临界载荷 P_{cr}，并与理论值进行比较，进而验证欧拉公式。

（2）观察两端铰支压杆丧失稳定的现象。

2.9.2　实验实训设备与工具

（1）压杆试验台。

（2）压杆试件。

（3）静态电阻应变仪。

（4）游标卡尺及钢板尺。

2.9.3　实验原理与方法

根据欧拉小挠度理论，对于两端铰支的大柔度杆（低碳钢 $\lambda \geqslant \lambda_p = 100$），压杆保持直线平衡最大的载荷，保持曲线平衡最小载荷即为临界载荷 P_{cr}，按照欧拉公式可得

$$P_{cr} = \frac{\pi^2 EI}{(\mu l)^2} \qquad (2\text{-}26)$$

式中　E——材料的弹性模量；

　　　I——压杆截面的最小惯性矩；

　　　l——压杆长度；

　　　μ——和压杆端点支座情况有关的系数，两端铰支杆 $\mu=1$。

当压杆所受的荷载 P 小于试件的临界力 P_{cr}，压杆在理论上应保持直线形状，压杆处于稳定平衡状态。当 $P = P_{cr}$ 时，压杆处于稳定与不稳定平衡之间的临界状态稍有干扰，压杆即失稳而弯曲，其挠度迅速增加。若以荷载 P 为纵坐标，压杆中点挠度 δ（见图 2-21（a））为横坐标，按欧拉小挠度理论绘出的 P-δ 图形即为两段折线 $\overline{OA}$ 和 $\overline{OB}$，如图 2-21（b）所示。

由于压杆可能有初始曲率，载荷可能有微小的偏心及材料的不均匀等因素，压杆在受力后就会发生弯曲，其中点挠度 δ 随荷载的增加而逐渐增大。当 $P \ll P_{cr}$ 时，δ 增加缓慢。当 P 接近 P_{cr} 时，虽然 P 增加很慢，而 δ 却迅速增大，如 $OA'B'$ 所示。曲线 $OA'B'$ 与折线 OAB 的偏离，就是由于初曲率载荷偏心等影响造成，此影响越大，则偏离也越大。

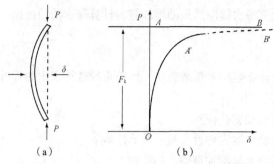

图 2-21　压杆失稳示意图

若令杆件轴线为 x 坐标轴，如图 2-21（a）所示，杆件下端为坐标轴原点，则在 $x=l/2$ 处横截面上的内力为

$$M_{x=\frac{l}{2}}=P\delta,\quad N=-P$$

横截面上的应力为

$$\sigma = -\frac{P}{A}\pm\frac{My}{I} \qquad\qquad (2\text{-}27)$$

当用半桥温度自补偿的方法将电阻应变片接到静态电阻应变仪后，可消除由轴向压力产生的应变读数，在应变仪上读数就是测点处由弯矩 M 产生的真实应变的两倍，把应变仪读数写为 ε_{ds}，把真实应变写为 ε，则 $\varepsilon_{ds}=2\varepsilon$。杆上测点处的正应力为

$$\sigma = E\varepsilon = E\frac{\varepsilon_{ds}}{2}$$

由弯矩产生的测点处的正应力可表达为

$$\sigma = \frac{M_{\frac{l}{2}}}{I}=\frac{P\delta_{\frac{l}{2}}}{I}$$

所以

$$p = \frac{\delta_{\frac{l}{2}}}{I}=E\frac{\varepsilon_{ds}}{I}$$

或者

$$\delta_{\frac{l}{2}}=\frac{EI}{2P}=\varepsilon_{ds} \qquad\qquad (2\text{-}28)$$

由式（2-28）可见，在一定的荷载 P 作用下，应变仪读数 ε_{ds} 的大小反映了压杆挠度 δ 的大小。所以可用电测应变的方法来确定临界载荷 P_{cr}。这只要在压杆中间截面两边贴上电阻应变片，如图 2-22（a）所示按互补偿半桥接法接到应变仪上，随着荷载 P 的增加测得相应的应变值 ε，绘得 P-ε 曲线如图 2-22（b）所示，根据试验曲线作渐近线即得临界载荷 P_{cr}。

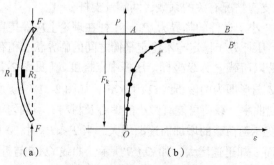

图 2-22　半桥接法 F-ε 曲线

2.9.4　实验实训步骤

（1）设计好本实验所需的各类数据表格。

（2）量取试件尺寸。在试件标距范围内，测量试件三个横截面尺寸：厚度 t，宽度 b，长度 l。量取截面尺寸时至少要沿长度方向量三个截面，取其平均值，用于计算横截面的最小惯性矩 I_{min} 值。

（3）计算试件的临界载荷 P_{cr}，拟定分级加载方案。

（4）安装试件。

（5）将电阻应变片接入电阻应变仪，按电阻应变仪操作规程，调整仪器及"零"位。

（6）分级加载，每加一级载荷，记录一次应变值，当应变突然变得很大时，停止加载。重复试验 2～3 次。正式测试时，应作好位移与应变读数（压力）的记录。轴向位移：旋钮每转一圈压头下降 1mm，每小格刻度为 0.02mm，先旋转旋钮，检查应变仪读数是否为零，缓慢旋进，当见到应变仪读数出现改变时，调整轴向位移刻度盘，使之为零，缓慢旋进。当见到应变仪读数出现改变时，调整轴向位移刻度盘，使之为零（若用侧向位移，须将磁性位移标尺横置于试件最大挠度处，对好零点）。加力的级差（旋钮刻度），初始时要小，明显弯曲后，可大幅度放大。

（7）做完实验后，逐层卸掉载荷，仔细观察试件的变化，直到试件回弹至初始状态。关闭电源，整理好所用的仪器设备，清理实验现场，将所用的仪器设备复原，将实验资料交指导老师检查签字。

（8）根据试验数据绘制 P-ε 曲线，作曲线的渐近线确定临界载荷 P_{cr} 值.

2.9.5　实验实训注意事项

由于采用杠杆加载，砝码盘上所加的载荷令其为 P^*，则试件上所受的载荷 P 等于 P^* 乘以杠杆比 H，加上支座自重（0.7N）。可先绘制 P^*-ε 曲线，得到 P^*_{cr} 值，然后再换算到 P_{cr} 值。

为了保证试件和试件上所贴的电阻应变片都不损坏，且可以反复使用，本试验要求试件的弯曲变形不可过大，应变读数控制在 $1500\mu\varepsilon$ 左右。

加载时，砝码要轻取轻放，严禁用手随意撤压加力杆和试件，不允许拿走和旋转限位杆。

2.9.6　实验实训预习要求

复习有关理论，明确临界载荷的意义，了解其测试方法。

实验中应记录哪些数据？如何选取载荷增量？在接近 P_{cr} 值时要注意什么？

思考题

（1）欧拉公式的应用范围是什么？

（2）本实验装置与理想情况有何不同？

（3）试对本实验产生的误差进行分析。

2.10　实验实训十　主应力实验

2.10.1　实验实训目的

（1）用实验方法测定平面应力状态下主应力的大小及方向。

（2）学习电阻应变花的应用。

2.10.2 实验实训设备与工具

（1）电阻应变仪及预调平衡箱。

（2）带有横臂的空心圆轴，如图 2-23 所示。

（3）游标卡尺及钢板尺。

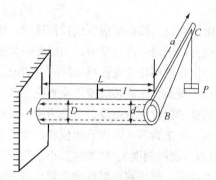

图 2-23 用空心圆轴测定主应力

2.10.3 实验实训原理与方法

为了确定某一点的主应力，由应变分析可知，可以使用应变花测出在三个方向上的线应变，进而算出其主应变的大小和方向。

平面应力状态下任一点的应力有三个未知数（主应力大小及方向）。应用电阻应变仪及应变花可测得一点沿不同方向的三个应变值（见图 2-24），三个方向已知的应变为 ε_a、ε_b 及 ε_c。根据这三个应变值可以计算出主应力为 ε_1 及 ε_2 的大小和方向。因而主应力的方向亦可确定（与主应变方向重合）。主应力的大小可从各向同性材料的广义虎克定律求得：

$$
\left.
\begin{aligned}
\sigma_1 &= \frac{E}{1-\mu^2}(\varepsilon_1 + \mu\varepsilon_2) \\
\sigma_2 &= \frac{E}{1-\mu^2}(\varepsilon_2 + \mu\varepsilon_1)
\end{aligned}
\right\}
\qquad (2\text{-}29)
$$

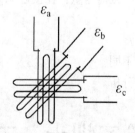

图 2-24 三个方向已知的应变

为了方便起见，把三个已知方向的应变 ε_a、ε_b 及 ε_c 间隔一定的角度，组成"应变花"。图 2-25 即为常见的直角应变花。所测得的应变分别为 ε_0、ε_{45} 及 ε_{90}，可由下式计算出主应变 ε_1、ε_2 的大小和方向：

$$\varepsilon_{1,2} = \frac{\varepsilon_0 + \varepsilon_{90}}{2} \pm \frac{\sqrt{2}}{2} \sqrt{(\varepsilon_0 - \varepsilon_{45})^2 + (\varepsilon_{45} - \varepsilon_{90})^2} \qquad (2\text{-}30)$$

$$\tan 2\alpha = \frac{2\varepsilon_{45} - \varepsilon_0 - \varepsilon_{90}}{\varepsilon_0 - \varepsilon_{90}} \qquad (2\text{-}31)$$

若所测部位主应力的方向已知，则只须用两个电阻片，使其方向与已知主应力方向重合，即可测出主应变 ε_1 和 ε_2，再用式（2-29）计算出主应力的大小。

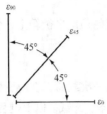

图 2-25　直角应变花

本实验以图 2-23 所示空心圆轴为测量对象一端固定，另一端装一固定横杆，轴与杆的轴线彼此垂直，并且位于水平面之内。在横杆自由端加载，使轴发生扭转与弯曲的组合变形。由扭-弯组合理论可知，A—A 截面的上表面 A 点的应力状态，如图 2-26 所示。其主应力与主方向的理论值分别为

$$\left.\begin{matrix}\sigma_1 \\ \sigma_2\end{matrix}\right\} = \frac{\sigma}{2} \pm \sqrt{(\frac{\sigma}{2})^2 + \tau^2} \qquad (2\text{-}32)$$

和
$$\tan 2\alpha = -\frac{2\tau}{\sigma} \qquad (2\text{-}33)$$

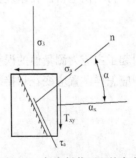

图 2-26　任意斜截面上的应力

如果在 A 点处贴一 45° 应变花（即直角应变花），使中间的应变片与圆轴母线一致，另外两个应变片则分别与母线成 ±45° 角。圆轴变形后应变花的三个应变值，可以通过电阻应变仪测量圆周变形后取得。应用式（2-32）及式（2-33），可以计算出主应力的大小和方向，主应力的方向即是主应变的方向，主应力的大小可以按照虎克定律进行计算。

$$\sigma_1 = \frac{E}{1 - \mu^2}(\varepsilon_1 + \mu\varepsilon_3) \qquad (2\text{-}34)$$

$$\sigma_3 = \frac{E}{1 - \mu^2}(\varepsilon_3 + \mu\varepsilon_1) \qquad (2\text{-}35)$$

然后将计算所得的主应力及主方向理论值与实测值进行比较。

2.10.4 实验实训步骤

1. 试件准备

测量空心圆轴的内、外直径 D、d 及长度 L（横臂中线到测点的垂直距离）及 l（加力点到圆轴中线的距离），如图 2-23 所示，拟定加载方案。可以根据材料的许用应力，估算出最大载荷，进一步确定增量加载时的次数与增量的数值。

2. 准备好仪器

将各电阻片的导线接到电阻应变仪的预调平衡箱上，依次将各点预调平衡，预先拟定好记录格式。

3. 进行实验

根据加载方案，逐级加载，每增加一次载荷，在应变仪上读一次数，直到最终载荷为止，逐级、逐点测量并记录测得数据，测量完毕，卸载。以上过程可重复一次，检查两次数据是否相同，必要时对个别点进行单点复测，以得到可靠的实验数据。

2.10.5 实验实训结果处理

预先拟定好表格，根据材料的弹性模量和泊松比，先计算出实验测得的主应力的大小及其方向，并与其理论值进行比较。

2.10.6 实验实训注意事项

（1）在操作过程中，应遵守电阻应变仪的使用规程。

（2）实验时，测量尺寸要小心，不要碰应变片的引出线。

（3）加载时，可以先加一初载荷，再平衡电桥。在重复实验时，不必撤掉初载荷，进而保证进一步测量时力的作用点不变。

思考题

（1）在实验过程中，哪些因素引起了主应力测量值的误差？

（2）若只要求测扭矩，在实验中应怎样贴置应变花和接线？

第3章
选择、开放性实验实训

3.1 实验实训一 条件比例极限的测定

3.1.1 实验实训目的

低碳钢条件比例极限 σ_p 的测定。

3.1.2 实验实训设备与工具

（1）拉力试验机或万能试验机。

（2）杠杆式的引伸仪或其他形式的引伸仪。

（3）游标卡尺。

3.1.3 实验实训原理与装置

由低碳钢的应力、应变规律可知，对于低碳钢，单向虎克定律成立时的最大应力称为比例极限。根据国家标准（GB/T 228—2010），对于应用虎克定律来测定材料的比例极限，可以用一定偏离的应力来表示，称为条件比例极限 σ_p。

在拉伸曲线（P-Δl 图）上，某一点的切线与载荷轴间夹角的正切值比其弹性直线部分的正切值大 50% 时，此点所对应的应力即为条件比例极限。

在实验过程中，具有电子万能试验机及应变计式引伸仪的条件下，利用仪器可以自动记录拉伸曲线的开始部分，然后根据 P-Δl 图直接确定条件比例曲线。这就是所谓的作图法。

材料的条件比例极限也可用引伸仪法来测定。此时，必须先对材料的条件比例极限值作一个粗略的估计。此粗略的估计值成为预期比例极限。在相当于预期比例极限的 70%～80% 载荷之前，必须先加一小量的初载荷；此后可施加大等级的载荷增量，其中大等级载荷增量的级数不应小于四级。在此基础上，施加小等级的载荷增量，小等级载荷增量每级的应力增加量值 $\Delta\sigma$ 可在 2kg/mm² （20Mpa）左右。记录各级载荷和引伸仪给出的伸长量。当小等级载荷增量引起的伸长增量超过弹性直线段内相当载荷增量的平均伸长增量 2～3 倍时，实验即可停止。根据前述的标准规定，当伸长增量开始等于平均伸长增量的 1.5 倍时，此时对应的载荷即为 P_p，与之对应的应力即为条件比例极限 σ_p。下面用一个例子进行说明。

试件材料假设为某号钢材。试件直径 $d_0=10.1$mm，横截面尺寸 $A_0=80$mm²。所用的引伸仪的每一格值为 0.005mm。预期比例极限 $\sigma_p=5000$kg/cm²，取相应于此应力值 20% 的载荷作为初载荷。

$$P_0 = 0.2\sigma_p A_0 = 0.2 \times 50 \times 80 = 800 \text{ kg}$$

相当于预期比例极限 80% 的载荷为

$$P = 0.8\sigma_p A_0 = 3200 \text{ kg}$$

从 P_0 到 P 分四次大等级载荷增量加载，则大等级载荷增量为

$$\Delta P = \frac{3200 - 800}{4} = 600 \text{kg}$$

以后以小等级载荷增量加载。小等级载荷增量每级的应力增加量 $\Delta\sigma$ 取 2kg/mm^2，则小等级载荷增量为

$$\Delta P_1 = A_0 \Delta \sigma = 160 \text{ kg}$$

为了读数方便，取小等级载荷增量 $\Delta P_1 = 150 \text{ kg}$。

试验直到显著超出比例极限的范围为止。试验结果见表 3-1。

表 3-1   条件比例极限的试验结果

载荷（kg）	引伸仪读数（格）	读数差（格）
800	15.0	
1400	22.6	7.6
2000	30.1	7.5
2600	37.7	7.6
3200	45.4	7.7
3350	47.2	1.8
3500	49.2	2.0
3650	51.1	1.9
3800	52.9	1.8
3950	55.5	2.6
4100	59.5	4.0

从试验记录中，可以算出相应于小等级载荷赠量 ΔP_1 的平均弹性伸长增量为

$$\Delta l = \frac{(45.4 - 15.0) \times 150}{3200 - 800} = 1.9 \text{ 格}$$

根据上述定义，将此平均 Δl 增大 1.5 倍，即

$$1.5\Delta l = 1.5 \times 1.9 = 2.8 \text{ 格}$$

与此变形量对应的载荷就是 P_p。由表 3-1 可知，比例极限载荷 P_p 将发生在 3950～4100kg 之间，即

$$P_p = 3950 + \Delta P$$

而 $\Delta P'$ 可以按照线性插值法求出：

$$\Delta P' = \frac{2.8 - 2.6}{4.0 - 2.6} \times 150 \approx 20 \text{ kg}$$
$$P_p = 3950 + 20 = 3970 \text{ kg}$$

对应的条件比例极限 σ_p 为

$$\sigma_p = \frac{P_p}{A_0} = \frac{3970}{80} = 49.6 \text{ kg/mm}^2 \text{（486MPa）}$$

3.1.4　实验实训步骤

1. 试件准备

测量试件两端及中间等三处截面的尺寸，但必须在标距长度范围内，然后取三处尺寸的平均

值作为计算截面面积之用，且拟定出加载方案。

2. 检查试验机，并做好准备

根据最终载荷的大小，选用合适的测力度盘和相应的摆锤。调整测力指针，对准零点。

3. 备好仪器，安装试件

正确小心地安装引伸仪，使两刀刃位于试件的对称平面内。

4. 检查并试车

进一步检查，看是否按照上述的步骤完成。然后开动试验机，预加载荷至接近最后一级大等级增量载荷，卸载至初载荷以下，以检验试验机及仪器是否处于正常状态。

5. 开始试验

逐步加载至初载荷时要慢速进行，同时记下引伸仪的初读数。后逐级加载，每增加一级载荷，记录一次引伸仪的读数。根据试验记录中的大等级加载数据计算出小等级载荷增量下的平均弹性伸长增量。在试验的过程中，要随时计算引伸仪先后两次读数的差值。当小等级增量载荷的伸长增量超过弹性直线内的平均弹性伸长增量 2～3 倍时，就可以停机。

6. 实验结束

3.1.5　实验实训结果处理

按照以下公式计算条件比例极限 σ_p。

$$\sigma_p = \frac{P_p}{A_0} \qquad (3\text{-}1)$$

3.2　实验实训二　条件屈服应力 $\sigma_{0.2}$ 的测定

3.2.1　实验实训目的

测定金属材料的条件屈服应力 $\sigma_{0.2}$。

3.2.2　实验实训设备与工具

（1）拉力试验机或万能试验机。

（2）杠杆式引伸仪或其他形式的引伸仪。

（3）游标卡尺。

3.2.3　实验实训原理与装置

大部分金属材料均不具有明显的屈服现象，除了中、低碳钢及某些金属外，它们的拉伸曲线从弹性过渡到弹塑性是光滑连续的。因此，规定产生指定残余变形量的应力作为条件屈服应力。把这一指定的残余变形量值取为标距 l_0 的 0.2%，对应的应力记为 $\sigma_{0.2}$。

用引伸仪测定条件屈服应力 $\sigma_{0.2}$ 时，可以有两种方法参考：卸载法和直接加载法。本节仅介绍卸载法。

在用卸载法测定 $\sigma_{0.2}$ 时，应先算出引伸仪标距 l_0 内产生 0.2%残余变形时所对应的规定的残余伸长量，即

规定的残余伸长量= 0.2% l_0

那么对应与这一规定残余伸长值的载荷则被称为条件屈服载荷 $P_{0.2}$。在此基础上，根据规定的残余伸长值和引伸仪每分格的数值，可以按下式计算出规定残余伸长值在其引伸仪上的分格数：

$$规定残余伸长值在其引伸仪上的分格数 = \frac{规定残余的伸长值}{引伸仪每分格值}$$

在试验时，先加一定量的初载荷 P_0，进一步记下引伸仪的初读数。在此基础之上，加第一次载荷，其中第一次载荷应加至使试件在标距长度内的总伸长格数为规定残余伸长值在引伸仪上的分格数加 1~2 个分格。

进入弹塑性阶段后的变形中，也包括少量的弹性变形，故前述的 1~2 个分格为弹性伸长。记下第一次加载时的引伸仪的读数，此读数称为加载读数。同时记录下载荷的数值。然后卸载回到初载荷 P_0，并读出相应的引伸仪的读数，此读数即为卸载读数。卸载读数与初载荷 P_0 下引伸仪读数之差就是第一次卸载的残余伸长。以后往复加载与卸载，每次加载应使试件在标距长度内的总伸长为：前一次总伸长加上规定残余伸长与该次加载的残余伸长（卸载至 P_0）之差，再加上 1~2 分格的弹性伸长增量。如果继续加载、卸载（卸到 P_0），直至残余伸长等于或稍大于规定残余伸长值为止。具体作法可参照下例。

例 试验材料为钢。试件直径为 $d_0 = 10\text{mm}$，横截面面积 $A_0 = 78.5\text{mm}^2$，所用的引伸仪的标距 $l_0 = 50\text{mm}$，每一分格值为 0.01mm。

若规定残余伸长 = 0.2%l_0 = 0.2% × 50 = 0.01mm。

规定残余伸长值在引伸仪上的分格数= $\frac{0.1}{0.01}$ =10 分格

选用初载荷 $P_0 = 600\text{kg}$，读出引伸仪的初读数为 1 分格。

第一次加载。由 P_0 加载到使试件在标距长度内的总伸长为 10 分格加上 1~2 分格。取弹性伸长为 2 分格，则总伸长为 12 分格，这里 10 是规定残余伸长值在引伸仪上的分格数。由于初载荷 P_0 时引伸仪的初读数为 1 分格，故共为 12+1=13 分格，与之相对应的载荷为 4100kg（见表 3-2）。

表 3-2　　　　　　　　　　　条件屈服应力的试验记录表

载荷（kg）	加载读数（格）	卸载读数（格）	残余伸长（格）
P_0=600	1.0		
4100	13.0	2.3	1.3
5700	23.7	8.3	7.3
6100	27.4	10.7	9.7
6200	28.7	11.5	10.5

第一次卸载至 P_0，记下此时的引伸仪读数，（卸载读数）为 2.3 格，故残余伸长为 2.3-1=1.3 分格（见表 3-2）。

第二次加载。由 P_0 加载到使引伸仪读数为 13+(10-1.3)+2=23.7 分格，其中 13 为前一次总伸长和引伸仪初读数之和，10 为规定残余伸长分格数，1.3 为已得残余伸长分格数，2 为弹性伸长增量的分格数。进一步读出引伸仪读数 23.7 分格时的载荷为 5700 kg（见表 3-2）。

第二次卸载至 P_0，记下此时的卸载读数为 8.3 分格，故残余伸长为 8.3-1=7.3 分格。

如此加载、卸载，直至试件的残余伸长达到或稍大于规定残余伸长（10 分格）为止（见表 3-2）。

根据规定残余伸长值，由表 3-2 的试验记录可知，条件屈服载荷 $P_{0.2}$，发生在 6100kg 至 6200kg 之间，即

$$P_{0.2} = 6100 + \Delta P'$$

$\Delta P'$可用线性插值法求出

$$\Delta P' = \frac{10 - 9.7}{10.5 - 9.7} \times (6200 - 6100) = 37.5 \text{ kg}$$

$$P_{0.2} = 6137.5 \text{ kg}$$

相应的条件屈服应力为

$$\sigma_{0.2} = \frac{P_{0.2}}{A_0} = \frac{6137.5}{78.5} = 78.2 \text{kg/mm}^2 \ (768\text{MPa})$$

3.2.4　实验实训步骤

1．试件准备

在标距长度范围内，测量试件两端及中间等三处截面的尺寸，取三处尺寸的平均值来计算截面面积 A_0。

2．试验机准备

根据预期条件屈服应力估算最终载荷值。按照最终载荷的大小选用合适的测力度盘和相应的摆锤。调整测力指针对准零点。

3．安装试件及仪器

小心、正确安装引伸仪，使两刀刃位于试件的对称平面内。

4．检查及试车

开动试验机，预加少量载荷，然后卸载至初载荷以下，以检验试验机及仪器是否处于正常状态。

5．进行实验

用慢速逐渐加载至初载荷，记下此时引伸仪的初读数。计算出第一次加载所需的引伸仪加载读数。由初载荷 P_0 加载到此加载读数，并由载荷刻度盘读出载荷数值。然后卸载至 P_0，记下此时的引伸仪读数（卸载读数），计算残余伸长。若此残余伸长小于规定的残余伸长，再进行第二次加载和卸载，直至试件的残余伸长达到或稍大于规定残余伸长为止。

6．实验结束

7．采用作图法

在记录纸上作图，求出 $P_{0.2}$ 和 $\sigma_{0.2}$，如图 3-1 所示。先在横坐标上定出 $l = 0.2\% l_0$ 的点，然后过点作平行与弹性阶段载荷-伸长曲线的直线，交拉伸曲线于一点，该点的终坐标就是条件屈服载荷 $P_{0.2}$。再除以原横截面面积 A_0，得到屈服强度 $\sigma_{0.2}$。

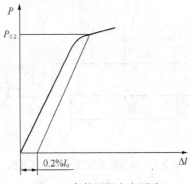

图 3-1　条件屈服应力测试

3.2.5 实验实训结果处理

由插值法计算出 $P_{0.2}$ 值，对应的条件屈服应力可以按下式计算：

$$\sigma_{0.2} = \frac{P_{0.2}}{A_0}$$

（3-2）

3.3 实验实训三 冲击实验

3.3.1 实验实训目的

测定和比较不同金属材料的冲击韧性，并观察破坏情况。

3.3.2 实验实训设备

JB-S 数显摆锤式冲击试验机。

3.3.3 实验实训概述

金属材料在动荷载的作用下所表现的性能是不同的。在静荷载作用下表现良好的塑性材料，在动荷载下可以呈现出脆性。金属材料夏比冲击实验是评定金属材料在冲击载荷下韧性的重要手段之一，工程上用该实验来检查产品质量，揭示在静荷载实验时不能揭示的内部缺陷对力学性能的影响，以此用来显示材料在某些条件下（如低温等）具有脆性倾向的可能性。

用具有一定势能的摆锤打击处于简支梁状态的缺口试样，试样被摆锤打断时所吸收的能量称为吸收能量 K，用以评定材料的冲击韧性。K 值大小与试验的几何尺寸、缺口形状和实验温度、摆锤刀刃半径等实验参数密切相关。为了保证实验结果能进行比较，在 GB/T 229-2007《金属材料夏比摆锤冲击实验方法》中对实验参数做了具体规定，并对常用的 U 型及 V 型缺口冲击试样做了标准化的规定，以 10mm×10mm×55mm 带有 V 型缺口的试样（见图 3-2）为标准试样；试样的尺寸及偏差应符合规定的偏差。试样缺口底部应光滑无与缺口轴线平行的明显划痕，进行冲击试验时，试样缺口底部的表面粗糙度 ra 不大于 $1.6\,\mu m$。

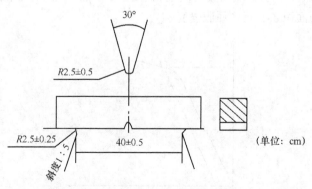

图 3-2 JB-S 数显摆锤式冲击试验机

（1）根据技术条件规定或在无法切取标准试样的情况下，允许采用辅助的小尺寸试样，但必须在实验报告中注明所采用的试样尺寸。

（2）根据技术条件规定试样可以保留一或两个轧制面，此时试样缺口的轴线应垂直于轧制面，试样宽度的偏差允许为 ±0.10mm。

（3）当使用由试样端面定位的试验机时，试样端面至缺口对称面距离的偏差应能确保实验时满足第 15 条的要求。

3.3.4 实验实训原理

简支梁式冲击弯曲实验称为夏比冲击实验。由于冲击过程是瞬间完成的，作用时间极短，因此要精确测定其应力变形有较大难度。它的基本原理是：用规定高度的摆锤对处于简支梁状态的缺口进行一次性打击，利用冲击前后的势能差（忽略摩擦等损耗），计算冲击试样过程中消耗的能量 K，也称为冲击吸收功。

摆锤式冲击实验原理如图 3-3 所示。

冲击试验机绕水平轴转动的摆杆下部装有摆锤，摆锤中央凹口中装有冲击刀刃。将试样安放在支撑座上，将摆锤逆时针转动到规定的角度，其举起的高度为 H_1，当摆锤顺时针自由下冲时，将试样冲断；冲断试样消耗了一部分能量后，摆锤继续顺时针运动摆起一定角度，其举起高度为 H_2。

当摆锤重力为 G 时，试样被摆锤打断时所吸收能量 K 按下式进行计算：

$$K=G（H_1-H_2）\tag{3-3}$$

式中，K 值可在数显控制箱屏幕显示或在冲击试验机的度盘上读出。

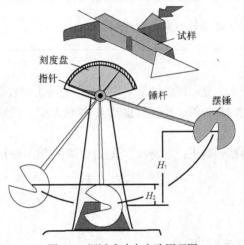

图 3-3 摆锤式冲击实验原理图

3.3.5 实验实训步骤

1. 摆锤设置

该实验机的冲击锤有两个，冲击能量分别为 300J（大）和 150J（小）。一般低碳钢用大锤，铸铁用小锤。打开数显控制箱电源开关后，液晶屏显示应与安装的摆锤一致，否则进行下述设置。

在数显控制箱面板上操作按钮：按[*]→[2]→显示 "INPUT THE RANGE（10R 0）"→小锤输入 "0" 或大锤输入 "1"→[PRINT]→[RET]按钮。设置小锤后，界面左下角相应显示 "SMALL"，否则是"BIG"。

数显控制箱每次新的设置都须按[PRINT]→[RET]按钮后才能生效。

2. 升起摆锤

打开试验机电源开关，手持操作盒，将开关拨向"开"，拨动[取摆]按钮，摆锤逆时针升起到150°停止。

开机时，摆锤护栏区是危险区域，人员及物体不得进入，以防止被物体冲击锤碰伤。

3. 安装试件

将冲击试件安装在支撑座上，居中（用对中板对中），试样开口背向摆锤。度盘指针拨到最大值。

4. 冲击

手持操作盘，按[退销]按钮使保险销退回，再按[冲击]按钮，摆锤落下冲断试件。注意：冲击时，为了防止可能飞出的试件伤人，人员应当站到实验机的右侧。

5. 自动升摆

摆锤冲断试件后，自动逆时针升到150°停止，保险销弹出。

关闭数显控制箱时摆锤不会自动升起。

6. 记录实验结果

在数显控制箱的液显屏上，显示试验结果，并可打印出冲击吸收功 K 值（单位为 J），度盘指针也指示出冲击吸收功（大锤读外圈，小锤读里圈）。抄录 K 值，观察破坏断面，绘制草图。

7. 放摆

如果结束实验，应先将摆锤落下，手持操作盒按[放摆]按钮不松开，当摆锤落到底时松开[放摆]按钮。

8. 关机

关闭电源。

3.3.6 实验实训预习要求

（1）预习本节内容，以及教科书上有关内容。

（2）明确实验目的，准备好实验表格。表格参考格式见表3-3。

表3-3 实验记录参考表格

材料	横截面尺寸/mm		试样缺口形状	吸收能量 K/J	断面破坏草图
	宽 a	高 b			
低碳钢					
铸铁					

3.3.7　实验实训报告

实验报告包括测定结果、断口图，并比较低碳钢与铸铁受冲击时，其性能有的区别。

3.4　实验实训四　硬度实验

3.4.1　实验实训目的

学习用压入法测定金属材料的硬度值。

3.4.2　实验实训设备

布氏硬度试验机和洛氏硬度试验机。

3.4.3　实验实训原理与装置

硬度是金属材料的一种机械性质，它表示金属抵抗他物压入的能力。可以根据实验方法的不同，硬度实验可分为压入法、弹跳法及刻划法。下面来介绍两种常见的压入法。

1. 布氏硬度

用一定的压力 P，把标准钢球（压陷器）压入金属材料内，并保持一定时间。卸载后，在金属表面将残留一凹痕，如图 3-4 所示。将 P 除以凹痕曲面面积，所得之商定为金属的布氏硬度数，并以 HB 表示，其计算式为

$$HB = \frac{P}{\dfrac{\pi D}{2}(D - \sqrt{D^2 - d^2})} \, kg/mm^2 \qquad (3\text{-}4)$$

式中，P 为压力（单位为 kg），D 为钢球直径（mm），d 为凹痕直径（mm）。

对直径为 D 的硬质合金球压头施加规定的实验力，使压头压入试样的表面，保持规定的时间后，除去实验力，测量试验表面的压痕直径 d，布氏硬度用试验力除以压痕表面积的商来进行计算。

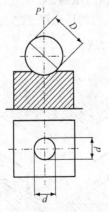

图 3-4　布氏硬度试验原理

材料越硬，HB 值越大。为了比较不同材料的硬度，试件必须在国家统一的标准下进行，国

标规范见表 3-4。

表 3-4 国家标准布氏硬度表

材料	布氏硬度范围	试件厚度（mm）	钢球直径 D（mm）	压力 P 与 D 之间的关系	压力 P（N）	压力保持时间（s）
黑色金属	140～450	>6 6～3 <3	10 5 2.5	$P=30D^2$	3000 750 187.5	10
黑色金属	140 以下	>6 6～3 <3	10 5 2.5	$P=30D^2$	3000 750 187.5	30
有色金属和合金（铜、镁合金等）	31.8～130	>6 6～3 <3	10 5 2.5	$P=10D^2$	1000 250 187.5	30
有色金属和合金（铝、轴承合金）	8～35	>6 6～3 <3	10 5 2.5	$P=2.5D^2$	250 62.5 15.6	60

记录材料硬度时，一定要标出实验条件。例如，如采用 D=10mm 的钢球，压力 P=3000kg，保持了 10s，测得的硬度值为 313，则应记作 HB10/3000/10=313。

当钢球压入材料时，试件在局部受力处产生很大的塑形变形。因此，布氏硬度值类似于拉伸强度极限 σ_b，均反应材料对大塑形变形的抗力。实验发现 HB 与 σ_b 的关系为

对于钢：当 HB=125～175 时，$\sigma_b=0.343HB\text{kg/mm}^2$。

HB>175 时，$\sigma_b=0.362HB\text{kg/mm}^2$。

对于灰铸铁：拉伸时的 $\sigma_b \approx \dfrac{HB-40}{6} \text{kg/mm}^2$。

因此，在材料实验中，有时在测定布氏硬度值后，按上述经验公式估算出 σ_b，以代替拉伸实验。硬度实验能使凹痕附近的材料处于三向非均匀压缩应力状态，易于发生屈服，即使是脆性材料，凹痕附近也会产生塑性变形。因此，测定硬度值还可度量材料的塑性性能。

2. 洛氏硬度

把具有标准形状的压陷器（金刚钻圆锥或小圆钢球），先用 10kg 的初压力压入材料，使其达到如图 3-5 所示的 2-1 位置，然后加主应力压到 2-2 位置，再卸去主应力（初压力不卸），压弹器弹回到 3-3 位置。根据 2-1 位置、3-3 位置的压入深度之差来定义洛氏硬度值。其计算公式为：

$$HR = c - \frac{h_0 - h_1}{n} = c - \frac{h}{n} \qquad (3-5)$$

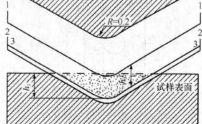

图 3-5 洛氏硬度试验原理示意图

式中，h 为 2-1 位置、3-3 位置的压入深度之差，以 mm 为单位计算；n 是一常数，其值等于 0.002mm；c 也是一常数，用钢球压陷器时 c =130，用金刚钻压陷器时 c =100，HR 为洛氏硬度值。

材料愈硬，h 值便越小，HR 值越大。洛氏硬度的规范见表 3-5。不同的实验条件，记录的符号也不同，如表 3-5 中第三列所示。

表 3-5　　　　　　　　　　　　　　　国家标准洛氏硬度表

压陷器	总压力（N）	洛氏硬度符号	量表刻度的有效范围	适用之材料
1.5785mm 的钢球	100	HR_b	25～100	较软的金属 （HB=60～230）
金刚石圆锥	150	HR_c	20～70	较硬的金属 （HB=230～700）
金刚石圆锥	60	HR_a	70 以上	坚硬的材料及薄的材料（HB 大于 700）

一般为了实验方便，在压陷器端头，安装一指示压入深度的指示表，表上刻度每格相当于压入深度为 0.002mm 的硬度值。因此，实验时可直接由指示表上读出硬度值。

洛氏硬度和布氏硬度的测量方法不同，所以不能直接比较。

由上可见，硬度实验是在材料表面上的某一小体积内进行的，并不损伤试件。另外设备简单，实验迅速，所以在工程上，广泛用来鉴定材料的强度、耐磨性及表层材料性质的均匀性等。

3.4.4　实验实训步骤

1. 布氏硬度实验

① 根据试件的厚度及材料性质（HB>450 的过硬材料，不能应用布氏硬度），在选用时可参照表 3-4 给出的实验标准。

② 检查试件表面是否平整清洁。

③ 学习试验机的使用方法。

④ 按规定标准进行多次实验，取各次测量结果的平均值作为材料的硬度值。

实验时，凹痕直径应在 $0.2D<d<0.6D$ 的范围内，否则应该更换试验标准，重新试验。凹痕中心距试件边缘不应小于 D。二相邻凹痕中心间距应超过 $2D$。

2. 洛氏硬度实验

① 根据试件材料，参照表 3-4 选定实验标准。

② 学习试验机的使用方法，然后进行操作。

3.4.5　实验实训结果处理

记录时，务必标明实验条件。在同一实验标准下进一步比较不同材料的硬度。

3.5　实验实训五　振动实验

3.5.1　实验实训目的

（1）测量自然频率。

（2）观察共振现象。

3.5.2　实验实训设备

（1）动态电阻应变仪。

（2）光线示波器。

（3）振动实验器。

3.5.3　实验实训原理与装置

结构受到某种瞬态的干扰力后，会产生自然振动，由于存在阻力，经过一段时间，振动将完全消失。这种振动的频率与初始条件无关，而与系统的固有特性有关，称为固有频率。当结构受到周期性的干扰力作用时，如果干扰力的频率接近自然频率，结构将产生共振现象，这时结构变形和应力将急剧增大。因此，测定自然频率和干扰力频率对避免共振现象是十分重要的。

振动应力的测量常采用电测法，以应力片作为传感器，把机械应变讯号转化为电讯号，经过动态电阻应变仪放大，然后把讯号输入光线示波器中，电讯号的振幅与动应变幅成正比。在实验前对它们的关系应进行"标定"（即给定一定大小的应变，测出电讯号的幅度大小），并以此为依据，在分析处理数据时根据波形图定出动应变和动应力。在波形图上，记有"时标"（每格表示一定的时间），从图上可以得到振动一次所需的时间，即周期，再根据周期求出频率。

3.5.4　实验实训步骤

（1）了解光线示波器原理及操作规程。

（2）测量梁的尺寸以及梁和电动机的重量，估算自然频率。

（3）按照原理进行接线，然后进行检查。

（4）调节动态电阻应变仪（通常电阻应变仪是动态静态两用的），使它保持初平衡。

（5）开动光线示波器，用橡皮锤轻击一下电动机加一瞬态干扰力，记录此时的波形（即自然振动波形），进一步计算出自然频率。

（6）调节可调变压器，使电动机转速分别为小于自然频率、接近自然频率和大于自然频率。开动光线示波器，逐渐减小衰减挡，使振形大小合适，记录三种不同情况下的波形（即强迫振动波形）。

（7）测量完毕，切断所有仪器的电源，恢复原状。

3.5.5　实验实训结果处理

（1）根据公式计算出系统的自然频率（考虑梁的自身重量）。

$$\omega_0 = \sqrt{\frac{g}{\delta_Q}} \qquad (3-6)$$

$$\delta_Q = \frac{(Q + 0.5Q')l^3}{48EI} \qquad (3-7)$$

式中，Q 为电动机的重量，Q' 为梁本身的重量，l 为梁长，EI 为梁的抗弯刚度。

（2）根据自然振动的波形图，测出系统的自然频率，与上述理论值进行比较。

（3）根据三种强迫振动的波形图，测出三种情况下的干扰力频率，与自然频率对照，并比较三种情况下动应变的幅值。

3.5.6　实验实训注意事项

（1）实验前，应检查梁的各部分是否安装牢固，特别是偏心质量要紧固可靠，以免高速旋转时飞出。实验人员不要站在变速电动机旋转面的方位上，以确保人身安全。

（2）金属隔离线的外皮和仪器外壳必须接地。

（3）严格遵守操作规程。光线示波器的振子的选择要适当（振子内的电阻和动态应变仪要相互匹配）。实验时，先使用动态应变仪的最大衰减挡，然后，逐级减少，使波形图大小适宜。

3.6　实验实训六　疲劳实验

3.6.1　实验实训目的

（1）观察疲劳破坏的现象。

（2）了解测定疲劳性能的方法。

3.6.2　实验概述

材料疲劳寿命是一个特殊的机械性质。疲劳寿命的一个主要因素是应力水平，在不同的应力水平下，材料具有不同的疲劳寿命。在测定了各级应力水平的疲劳寿命（包括疲劳极限）时，可以确定一条材料的疲劳寿命曲线，即 σ–N 曲线（应力-寿命曲线），如图 3-6 所示。

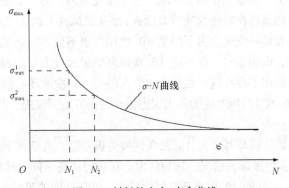

图 3-6　材料的应力-寿命曲线

3.6.3　实验实训设备

目前已有各种类型的疲劳试验机，可以用来在不同受力形式和不同条件下进行试验。本实验采用旋转弯曲疲劳试验机，下面对此类试验机构原理作简单介绍。

纯弯曲疲劳试验机工作原理如图 3-7 所示。

试件两端被夹紧在两个空心轴中，这样两个空心轴与试件构成一个整体，然后支持在两个滚珠轴承上。利用电动机，通过软轴使这个整体转动。横杆挂在滚珠轴承上，处于静止状态。在横杆中央的砝码盘上放置砝码，以使试件中段产生弯曲变形。试件转动次数可以由计数机读出。

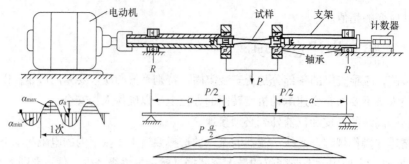

图 3-7 纯弯曲疲劳试验机的工作原理

3.6.4 试件

本试验需用一组 8～10 根尺寸相同的光滑小试件，直径为 8～10mm。试件外形尺寸无统一标准规定，一般依试验机的具体构造而定。

因为原材料端部疲劳强度较差，不能反映材质的疲劳性能，故切忌使用边角料加工试件。锻制或轧制的原材料纵、横方向的疲劳强度差别显著。因此，一组试件毛坯的切取方向应该相同。由于试件表面光洁度和切削量等对试验结果有较大影响，所以加工条件也应尽量完全一样。试件表面均须经过磨光，圆角处要光滑过渡，避免遗留任何切削刀痕，以免影响试验结果。

3.6.5 实验实训原理与方法

疲劳破坏与静力破坏有本质的不同。当交变应力小于材料的静强度极限 σ_b 时，材料就可以产生疲劳裂纹，并逐渐扩展至完全断裂。疲劳破坏时，即使是塑性材料也常常没有显著的塑性变形，在疲劳破坏的断口上，一般呈现两个区域，一个是光滑区，另一个是粗粒状区。

材料破坏前所经历的循环次数称为疲劳寿命 N。施加在试件上的应力越小，则疲劳寿命越长。对于一般的碳钢，如果在某一交变应力下经受 10^7 次循环仍不破坏，则实际上可以承受无限次循环而不发生破坏。所以，做实验时，以对应 10^7 次循环的最大应力 σ_{max} 值作为疲劳极限 σ_{-1}。但对某些合金钢和有色金属却不存在这一性质，它们在经受 10^7 次循环后仍会发生破坏。因此，常常以破坏循环次数为 10^7 或 10^8 所对应的最大应力值作为条件疲劳极限。此处 10^7 或 10^8 称为循环基数。

测定疲劳极限或者测定循环基数为 10^7 的条件疲劳极限时，可依据下述方法进行。试件超过指定的 10^7 次循环而未发生破坏的情况，称为越出。在应力由高到低的试验过程中，假定第 6 根试件在应力 σ_6 作用下，未达到 10^7 次循环就发生破坏，而依次取的第 7 根试件在应力 σ_7 作用下经 10^7 循环越出，并且两个应力差数（$\sigma_6 - \sigma_7$）不超过 σ_7 的 5%，则 σ_6 和 σ_7 的平均值就定为疲劳极限 σ_{-1}：

$$\sigma_{-1} = 1/2(\sigma_6 + \sigma_7)$$

如果差数（$\sigma_6 - \sigma_7$）大于 σ_7 的 5%，那么还需取第 8 根试件进行试验。使其应力 σ_8 等于 σ_6 和 σ_7 的平均值，即 $\sigma_8 = 1/2$（$\sigma_6 + \sigma_7$）。实验后可能有以下几种情况。

（1）若第 8 根试件在 σ_8 作用下，经 10^7 次循环后越出，且差数（$\sigma_6 - \sigma_8$）小于 σ_8 的 5%，则可以认为疲劳极限为 σ_6 和 σ_8 的平均值，即

$$\sigma_{-1} = 1/2(\sigma_6 + \sigma_8)$$

（2）若第 8 根试件在 σ_8 作用下，未达到 10^7 次循环就发生破坏，且差数（$\sigma_8 - \sigma_7$）小于 σ_7

的 5%，则可认为疲劳极限为 σ_7 和 σ_8 的平均值，即

$$\sigma_{-1}=1/2(\sigma_7+\sigma_8)$$

在本试验中，采用 8 级左右的应力，各个试件所受的最大应力 σ_{max} 不同，其疲劳寿命也相应地不相同，因此得到一系列的 σ_{max} 和 N 的数据以及疲劳极限数据。以 σ_{max} 为横坐标，以 N 为纵坐标，将数据绘在方格纸上，用曲线或直线拟合，即得表示材料的疲劳性能的 $S\text{-}N$ 曲线。

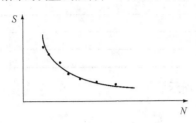

图 3-8　一般碳钢的 $S\text{-}N$ 曲线

一般碳钢的 $S\text{-}N$ 曲线如图 3-8 所示。

3.6.6　实验实训步骤

1．试件准备

取 8～10 根试件，检查试件表面的加工质量。如有锈蚀或擦伤，用细砂纸或砂布沿试件轴向抛光加以消除。测量试件的直径，作为计算横截面面积之用。选取其中任一根试件做静力拉伸试验，测定材料的强度极限 σ_b。

2．试验机准备

首先复习试验机的操作规程。开动试验机使其空转，检查电动机运转是否正常。

3．安装试件

将试件装入试验机，牢固加紧，使试件与试验机转轴保持良好的同心度。当用手慢慢转动试验机转轴时，用千分表在纯弯式疲劳试验机的空心轴上测得的上、下跳动量最好不大于 0.02mm。

4．检查及试车

在仔细检查以上步骤的完成情况下，开动试验机，空载正常运作时，在上述位置用千分表测得的跳动量最好不大于 0.06mm。

5．进行试验

根据试件尺寸及疲劳试验机加载装置确定载荷大小（砝码重量），第一根试件的交变应力的最大值 σ_{max} 大约取 $0.6\sigma_b$。加载前先开动机器，再迅速而无冲击地将砝码加到规定值，并记录计数计的初读数。试件经历一定次数的循环后，即发生断裂，试验机也自动停止工作，此时记录下转数计的末读数。转数计的末读数减去初读数即为试件的疲劳寿命，然后，对第二根试件进行试验，使其最大应力略低于第一根试件的最大应力值。同样，记录计数计的读数。这样，依次降低各个试件的最大应力，测定出相应的各个试件的疲劳寿命。自第六根试件开始测定疲劳极限。

观察断口形貌，注意疲劳破坏特征。

6．结束工作

3.6.7　实验实训结果处理

本实验所需时间太长，各实验小组可分别取一根试件进行实验；最后，将数据集中处理，填写在表 3-6 中。

表 3-6   疲劳实验数据表

试件编号	砝码重量	σ_{max}	转数计初读数	转数计末读数	疲劳寿命 N	lg$N$	备注

旋转弯曲疲劳试样如图 3-9 所示。

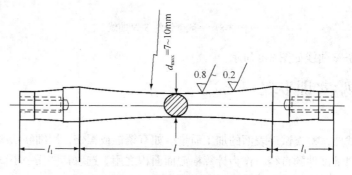

图 3-9   旋转弯曲疲劳试样

3.6.8   实验实训注意事项

（1）在试验机的软轴和带轮处应安装安全罩。

（2）开动试验机使试件旋转后，再迅速而无冲击地施加载荷。

（3）加载完毕立即记录计数计的初读数。

（4）实验时，如因试验机转速太高而使试件发热，则需降低转数或采取冷却措施（可用电扇吹风）。

3.7   实验实训七   等强度梁正应力测定

3.7.1   实验实训目的

（1）测定等强度梁弯曲正应力。

（2）练习多点应变测量方法，掌握应变仪的使用方法。

3.7.2   实验实训设备与工具

（1）材料力学组合实验台正等强度梁实验装置与部件。

（2）XL2118 系列力&应变综合参数测试仪。

（3）游标卡尺、钢板尺。

3.7.3　实验实训原理与方法

当等强度悬臂梁加一个载荷时，距加载点 x 距离的断面上弯矩为

$$M_x = P x \qquad (3\text{-}8)$$

相应断面上的最大应力为

$$\sigma = \frac{Px}{W} \qquad (3\text{-}9)$$

式中，W 为抗弯断面模量，断面为矩形；b 为宽度；h 为厚度，则

$$W = \frac{bh^2}{6} \qquad (3\text{-}10)$$

因而，

$$\sigma = \frac{Px}{W} = \frac{Px}{\dfrac{bh^2}{6}} = \frac{6Px}{bh^2} \qquad (3\text{-}11)$$

所谓等强度，即指各个断面在力的作用下应力相等，即 σ 值不变。显然，当梁的厚度 h 不变时，梁的宽度必须随着 x 的变化而变化。

等强度梁的尺寸如下。

梁的极限尺寸：$L \times B \times h = 445\text{mm} \times 35\text{mm} \times 8\text{mm}$。

梁的工作尺寸：$l \times B \times h = 330\text{mm} \times 35\text{mm} \times 8\text{mm}$。

3.7.4　实验实训步骤

（1）测量等强度梁的有关尺寸，确定试件有关参数。

（2）拟定加载方案，估算最大载荷 $P_{\max}$（该实验载荷范围 $\leqslant 30\text{N}$），分三级加载（每级 10N）。

（3）实验采用多点测量中半桥单臂公共补偿接线法，将等强度梁上选取的测点应变片按序号接到电阻应变仪测试通道上，温度补偿片接电阻应变仪公共补偿端。

（4）按实验要求接好线，调整好仪器，检查整个测试系统是否处于正常工作状态。

（5）实验加载。加载前，记下各点应变片的初读数，然后逐级加载，每增加一级载荷，依次记录各点应变仪的 ε_i，直至终荷载。实验至少重复 3 次。

（6）做完实验后，卸掉载荷，关闭仪器电源，整理好所用的仪器设备，清理实验现场，将所用的仪器设备复原，且实验资料找指导老师检查。

3.7.5　实验实训结果处理

1. 理论计算

$$\sigma = \frac{6Px}{bh^2} \qquad (3\text{-}12)$$

2. 实验值计算

$$\sigma = E \cdot \varepsilon_{均}$$

3. 理论值与实验值比较

$$\delta = \frac{\sigma_{理} - \sigma_{实}}{\sigma_{理}} \times 100\% \qquad (3\text{-}13)$$

3.8　实验实训八　电阻应变片敏感系数标定

3.8.1　实验实训目的

掌握电阻应变片灵敏系数 K 值的标定方法。

3.8.2　实验实训设备与工具

（1）材料力学组合实验台中纯弯曲梁实验装置与部件。

（2）XL2118 系列力&应变综合参数测试仪。

（3）游标卡尺、钢直尺、千分尺三点挠度仪。

3.8.3　实验实训原理与方法

在进行标定时，一般采用一个单向应力状态的试件，通常采用纯弯曲梁或等强度梁。粘贴在试件上的电阻应变片在承受应变时，其电阻相对变化 $\Delta R/R$ 与 ε 之间的关系为

$$\Delta R / R = K \varepsilon \tag{3-14}$$

电阻应变片的灵敏系数为 K，实验采用矩形截面弯曲梁实验装置。

在梁纯弯曲段上、下表面沿梁轴线方向粘贴 4 片应变片，在中间段安装一个三点挠度仪。当梁弯曲时，由挠度仪上的千分表可读出测量挠度（即梁在三点挠度仪长度 a 范围内的挠度）。根据材料力学公式和几何关系，可求出纯弯曲上、下表面的轴向应变为

$$\varepsilon = \frac{hf}{(0.5a)^2 + f^2 + hf} \tag{3-15}$$

式中　h——标定梁的高度；

　　　a——三点挠度仪长度

　　　f——挠度

应变片的电阻相对变化 $\Delta R/R$ 可用高精度电阻应变仪测定。设电阻应变仪的灵敏系数为 K_0，读数为 ε_d，则

$$\Delta R/R = K_0 \varepsilon_d$$

由前面的式子可得到应变片灵敏系数 K 为

$$K = \frac{\Delta R}{R\varepsilon} = \frac{K_0 \varepsilon_d}{hf}(\frac{a^2}{4} + f^2 + hf) \tag{3-16}$$

在进行标定时，对于应变灵敏系数来讲，一般把应变仪的灵敏系数调至 $K_0 = 2.00$，并采用分级加载方式，测量在不同载荷下应变片的读数应变 ε_d 和梁在三点挠度仪长度 a 范围内的挠度 f。

3.8.4　实验实训步骤

（1）设计好本实验所需的各类数据表格。

（2）测量弯曲梁的有关尺寸和三点挠度仪长度 a。

（3）拟定加载方案。选取适当的初载荷 P_0，（一般取 $P_0 = 10\% P_{max}$ 左右），确定三点挠度仪上千分表的初读数，估算最大载荷 P_{max}（该实验载荷范围 $\leqslant 1500N$），确定三点挠度仪上千分表的读

数增量，一般分 4～6 级加载。

（4）实验采用多点测量中半桥单臂公共补偿接线法。将弯曲梁上各点应变片按序号接到电阻应变仪测试通道上，温度补偿片接电阻应变仪公共补偿端，调节好电阻应变仪灵敏系数，使 $K_0=2.0$。按实验要求接好线，调整好仪器，检查整个测试系统是否处于正常的工作状态。

（5）实验加载。用均匀慢速加载至初载荷 P_0。记下各点应变片和三点挠度仪的初读数，然后逐级加载。每增加一级载荷，依次记录各点应变仪的 ε_i 及三点挠度仪的 f_i，直至终载荷。实验至少重复 3 次。

（6）做完实验后，卸掉载荷，关闭电源，整理好所用的仪器设备，清理实验现场，将所见的仪器设备复原，实验资料交指导老师检查。

3.8.5　实验实训结果处理

（1）取应变仪读数应变增量的平均值，计算每个应变片的灵敏系数 K_i：

$$K_i=\frac{\Delta R}{R\varepsilon}=\frac{k_0\varepsilon_d}{hf}\left(\frac{a^2}{4}+f^2+hf\right) \qquad (i=1,\ 2,\ \cdots,\ n) \qquad （3-17）$$

（2）计算应变片的平均灵敏系数 K：

$$K=\frac{\Sigma k_i}{n} \qquad (i=1,\ 2,\ \cdots,\ n) \qquad （3-18）$$

（3）计算应变片灵敏系数的标准差 S：

$$S=\sqrt{\frac{1}{n-1}\Sigma(k_i-k)^2} \qquad (i=1,\ 2,\ \cdots,\ n) \qquad （3-19）$$

3.9　实验实训九　拉弯组合时内力素的测定

3.9.1　实验实训目的

（1）用实验方法分别测定一矩形截面杆件在拉弯联合作用下由轴向拉力及弯矩产生的应力。
（2）学习电阻应变仪的电桥联接方法。

3.9.2　实验实训设备

（1）静态电阻应变仪及预调平衡箱。
（2）万能试验机或拉力试验机。
（3）标卡尺及钢直尺。

3.9.3　实验实训原理与装置

根据电阻应变仪电桥的特性，改变应变片在电桥上的连接方法，可以得到几种不同的结果。利用这种特性可以测取构件在组合变形时的内力。

本实验是在一个矩形截面的杆上施加偏心拉伸，则杆件的截面上将承受轴向拉力和弯矩的联合作用。在截面的两侧粘贴两个应变片，则可以测量截面上的应力。

3.9.4 实验实训步骤

1. 试件准备

用游标卡尺测量试件截面尺寸及偏心矩，并检查应变片的位置和状况，记录应变片的灵敏系数 k 值。将试件装夹在试验机上，并根据材料的比例极限及大小适当的应变系数，估算最大载荷并拟定加载方案。

2. 试验机准备

3. 仪器准备

复习电阻应变仪的操作规程，将试件上的应变片及温度补偿片联接到应变仪上，检查是否能调好平衡。注意调好应变仪上的灵敏系数按钮。

4. 进行实验

先逐渐加载至初荷载，此时将应变仪调零，然后逐级加载，并记录应变仪的读数，直至最终载荷。卸载至初荷载以下但不要卸净，重复以上步骤。

5. 结束工作

关闭应变仪电源，卸掉试件上的载荷，从应变仪上拆下应变片导线。

3.9.5 实验实训结果处理

实验报告中应记录试件的尺寸及应变片的位置、应变片的 k 值。绘出装置的简图和接线图。用表格列出载荷及与之相应的应变读数。

根据杆件受力情况按材料力学偏心拉伸公式计算截面上 R_1、R_2 点的应力的理论值，并与实验结果进行比较。

思考题

本次实验的误差是由哪些原因造成的？

3.10 实验实训十 扭弯组合时内力素的测定

3.10.1 实验实训目的

（1）用实验方法分别测定圆截面杆在扭弯联合作用下由扭矩及弯矩产生的应力。

（2）练习电阻应变仪的电桥连接方法。

3.10.2 实验实训设备与工具

（1）扭弯联合试件及加载装置。

（2）静态电阻应变仪及预调平衡箱。

（3）游标卡尺及钢直尺。

3.10.3 实验实训原理与装置

基本原理与 3.9 节相同，利用应变片在电桥上的不同联接方法来测取构件在组合变形时的内力素。

3.10.4　实验实训步骤

1. 试件准备

测量试件尺寸及应变片的位置，并根据试件材料的比例极限即适当的应变读数确定加载方案，准备好砝码。

2. 仪器准备

复习电阻应变仪的操作规程，将试件上的应变片联结到应变仪上（利用预调平衡箱），检查应变片是否正常。注意调整好应变仪上的灵敏系数按钮。

3. 进行实验

先加初载荷，然后逐级加载至最大载荷，读取相应的应变读数。重复以上步骤，至少三次。

4. 结束工作

卸掉试件上的载荷，关闭应变仪电源，取下应变片导线。

3.10.5　实验实训结果处理

实验报告中，应记录试件尺寸、应变片位置和应变片的 k 值，绘出装置的简图及接线图。用表格列出载荷及与之对应的应变读数。

根据杆件受力情况，按扭弯联合计算 a 点分别由扭矩及弯矩产生的应力的理论值并与测量结果相比较。

思考题

（1）在本实验中，为了测取扭矩及弯矩作用下产生的应力，还可以采取哪种形式的电桥联接方法？

（2）本次实验的误差是由哪些原因造成的？

3.11　实验实训十一　剪切实验

3.11.1　实验实训目的

（1）用直接剪切方法测定低碳钢的剪切强度极限。

（2）观察破坏断口形貌并分析破坏原因。

3.11.2　实验实训设备与工具

（1）万能试验机或压力试验机。

（2）剪切器。

（3）游标卡尺。

3.11.3　实验实训原理与装置

在实际工程中的铆钉、销钉、键等联接件，都直接承受剪切力，如图 3-10 所示。

联接件有的有两个剪切面，即双剪，如图 3-11 所示；有的用来实现两轴对中和靠螺栓杆承受挤压与剪切来传递转矩，如图 3-12 所示。

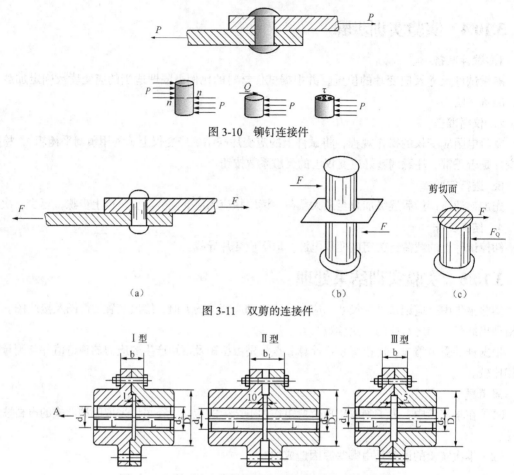

图 3-10 铆钉连接件

（a）   （b）   （c）

图 3-11 双剪的连接件

图 3-12 两轴对中和靠螺栓杆承受挤压与剪切来传递转矩

图 3-12 中的联接件主要承受剪切和挤压变形，还伴随有弯曲作用，受力情况比较复杂。因此，在工程设计中，对于上述联接件都是直接从剪切实验中测取金属材料的实际剪切强度极限来作为强度计算的依据。

实验时，一般采用圆截面柱形试件，直径为 8～10mm，由特制的剪切器使试件承受剪切变形。一般由剪切器的规格确定试件的长度。在安装时，将试件放在支承架及下刀刃上，装上左右两块盖板，用螺钉压紧后拧紧，然后放好上刀刃并在其上施加压力，直至将试件剪断，记录最大载荷 P_b，并计算剪切强度极限：

$$\tau_b = \frac{P_b}{2A}$$ （3-20）

式中，A 为试件横截面面积（$2A$ 是因为试件承受双剪）。

3.11.4 实验实训步骤

（1）取低碳钢材料制出圆截面试件。测量试件直径 d，在互相垂直方向各量一次取平均值。

（2）根据试件直径和材料性质，估算破坏时所需的最大载荷 P_b，选取试验机测力度盘。做好试验机的准备工作。

（3）将试件装在剪切器中，安装时要特别注意使上刀刃正对两个下刀刃之间的空间，不可偏斜，并与下边两刀刃之间无间隙。

（4）把剪切器放到试验机的压缩区间上。注意要放置正中使作用力通过试验机压力中心。另外，还要在剪切器上刀刃的上端放一垫块，以保护试验机压头。

（5）缓慢均匀加力直至剪断，读取最大载荷 P_b。取下试件，观察破坏形貌。

（6）结束实验。整理工具和现场，并使试验机复原。

3.11.5　实验实训结果处理

根据试件直径计算两倍的横截面面积 $2A = \pi d^2/2$。再根据公式算出低碳钢的剪切强度极限 τ_b。绘出试件断口形貌并进行分析。

思考题

（1）低碳钢材料在剪切试验中，其剪切断口有何特点？

（2）试说明，理论纯剪切和实际剪切有哪些区别？

3.12　实验实训十二　电阻应变仪操作练习

3.12.1　实验实训目的

（1）了解电测应力的原理。

（2）进行电阻应变仪的操作练习，熟悉操作规程及注意事项。

3.12.2　实验实训设备与工具

（1）电阻应变仪及贴片用具。

（2）简支梁试验装置一套。

（3）热源（台灯）。

3.12.3　实验实训原理与装置

实验前，先了解应变仪的原理、操作步骤和注意事项。

实验的装置是一矩形截面简支梁。在距离右支座为 a 处的截面处的上下表面沿梁轴方向各贴一应变片。用砝码加载后，根据弯曲理论，可知 A_1 和 A_2 分别产生压缩和拉伸变形，并且为单向应力状态。其应力值可按单向虎克定律来计算

$$\sigma = E\varepsilon \tag{3-21}$$

式中，E 为材料拉压弹性模量。

按照等量增加载荷的方法，用电阻应变仪测定其相应的应力增量。最后用灯光照射应变片，观察温度对测量的影响。

3.12.4　实验实训步骤

（1）参观各种型号的电阻片，了解贴片方法。

（2）熟悉具体仪器的使用规程和接线方法。

（3）根据梁长与横截面尺寸及许用应力，估计最大载荷及每次载荷增量的大小。

（4）进行图 3-13 所示应变片的不同接法，观察结果有无变化。

（5）用灯管照射应变片，观察检流计偏转的方向。

（6）将应变值换算为应力值，比较不同接线方法的读数。

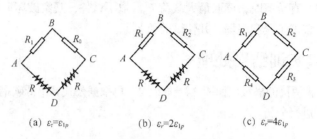

（a）$\varepsilon_r = \varepsilon_{1p}$ （b）$\varepsilon_r = 2\varepsilon_{1p}$ （c）$\varepsilon_r = 4\varepsilon_{1p}$

图 3-13　应变片的不同接法

3.12.5　实验实训注意事项

（1）严格遵守电阻应变仪的操作规程，缓慢拨动旋钮。

（2）更换测点导线端头时，必须断开仪器电源。接线时要拧紧接线柱，测量过程中，不得晃动导线。

（3）如用直流电源，应注意正、负极和高、低电压，不要弄错，以免损坏机器。

思考题

（1）应变片标距的长短对测量结果有无影响？

（2）温度补偿片为什么要贴在与构件相同的材料上？

（3）试比较用电阻应变仪与机械式引伸仪测量应变的优缺点？

3.13　实验实训十三　脆性涂层实验

3.13.1　实验实训目的

（1）了解脆性涂层的制作和处理方法。

（2）应用脆性涂层确定主应力方向。

3.13.2　实验实训设备

扭转试验机，涂有脆性涂层的试件。

3.13.3　实验实训原理与装置

为了确定物体受力后的主应力方向，可以采用的方法很多，其中以脆性涂层法较为简便。这种方法是一种特制的树脂溶液涂刷在物体的表面上，经过一定时间的干燥，待溶剂挥发后，便在物体表面上留下薄薄的一层脆性附着物，这种附着物称为脆性涂层。因为它牢固地黏结在物体表面上，物体变形时它也随之一起变形。又因为它的塑性较低，因此物体表面拉应力达到一定的数值 ε_0 后，它即断裂形成裂纹。ε_0 称为涂层常数，其值一般可达到 $250 \times 10^{-6} \sim 400 \times 10^{-6}$，最小可

到 $10×10^{-6}$。在载荷作用下，裂纹的方向与物体主拉应力方向相垂直。首先发现裂纹的地方，就是最大应变所在的地方。随着物体受力的增加，裂纹区不断扩大，由此便可了解应力的分布状态。一般的涂层都是在温度为 5～35℃ 和物体处于弹性范围内使用。

涂层的配方很多，常用的配方是：将纯净的松香 1 份和相当于松香重量 1%、2%、3%…12% 的氢氧化钡在 220℃～230℃ 时熔融化合后，再进行冷却，形成块状的钡松脂酸盐。使用时，取此种钡盐两份，溶解于 3 倍的二硫化碳中，便可涂刷。氢氧化钡含量越高，涂层越脆，涂层常数变越小。一般以氢氧化钡的百分含量作为涂层分级标号，例如 1 级涂层即含氢氧化钡 1%，其余标号类推。

松香和二硫化碳都是易燃品，它们所挥发的气体一定数量时，也对人体有害，所以在制作钡盐、涂刷涂层和干燥处理时，应特别注意防范和通风。

影响涂层灵敏度的因素很多，但影响最大的是温度和湿度。使用时应根据温度和湿度条件，适宜地选择不同等级的涂层。然后按照规定的程序涂刷在试件上，经过干燥处理后便可进行实验。

3.13.4　实验实训步骤

（1）听取关于涂层的制作、涂刷和干燥处理等方法的介绍。

（2）将已涂好涂层的试件装夹在扭转试验机的夹头中，在装夹时不要碰触涂层，以避免破损崩落。

（3）缓慢地施加扭矩，至涂层开始发生裂纹为止，记录扭矩的大小。为了更清楚地观察主应力方向，可以稍稍加大扭矩，增加裂纹数量。

（4）撤去扭矩，卸下试件。

3.13.5　实验实训结果处理

（1）由涂层裂纹方向确定出旋转时的主应力方向，并与理论结果进行比较。

（2）如需获得定量的数据，可以事先用标准梁确定出涂层常数 ε_0，再用强度理论进行计算。

3.13.6　实验实训注意事项

（1）在涂层的制作、涂刷和干燥处理等过程中，要特别注意防范材料发生燃烧及其对人体的毒害。

（2）第一条裂纹不易发现，故应仔细观察。

3.14　实验实训十四　电测综合性实验

3.14.1　实验实训目的

（1）用电测的方法分析构件的内力或应力。

（2）通过自行制订实验方案，对实验中的贴片、布线、测试等实施实验方案，并分析实验结果的全过程，对静态电测的基本测试技术进行一次综合训练，以达到进一步熟悉静态测试方法，加深巩固材料力学理论，提高实验能力，培养科学工作作风的目的。

3.14.2　实验实训概述

（1）实验类型和加载方式见课本，实验设备应用电子万能实验机及静态应变仪。

（2）实验材料采用 Q235 钢。

（3）实验要求如下。

① 测定某截面的应力分布，或测定沿杆轴线的内力分布。

② 利用不同桥路测量组合变形中单一成分应变。

③ 实验结果与材料力学理论结果进行对比分析。

（4）实验装置如图 3-14 所示。

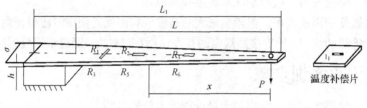

图 3-14　电测综合法等强度梁实验装置

3.14.3　实验实训基本原理

电测法的基本原理是用电阻应变片来测定构件表面的线应变，再根据应力-应变关系确定构件表面应力状态的一种实验应力的分析方法。这种方法的实验过程是将电阻应变片粘贴在应测构件的表面，当构件发生变形时，电阻应变片的电阻值将发生相应的变化，然后通过电阻应变仪将电阻的变化转换成电压（或电流）的变化，再换算成应变值或输出与此应变成正比的电压（或电流）信号，由记录仪进行记录，就可得到所测定的应变或应力。

1. 电测法的优点

① 测量灵敏度和精度高。其最小应变为 $1\mu\varepsilon$（$\mu\varepsilon$—微应变，$1\mu\varepsilon = 10^{-6}\varepsilon$）。在常温静态测量时，误差一般为 1%～3%；动态测量时，误差在 3%～5% 范围内。

② 测量范围广。可测 $\pm(1\sim2)\times10^4\mu\varepsilon$；力或重力的测量范围 $10^{-2}\sim10^5$N 等。

③ 频率响应好，可以测量从静态到数 10^5Hz 动态应变。

④ 轻便灵活，不仅在现场，而且在野外等恶劣环境下均可进行测试。

⑤ 能在特殊条件下进行测量，甚至在高、低温或高压环境下测量。

2. 电桥的基本特性

测量电路有多种，常见的电路如图 3-15 所示。

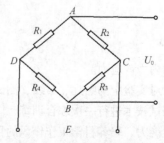

图 3-15　电路电桥示意图

设电桥各桥臂电阻分别为 R_1、R_2、R_3、R_4，其中任一桥臂都可以是电阻应变片。电桥的 D、C 为输入端，接电源 E；A、B 为输出端，输出电压为 U_0。

在实验时，通过电阻应变片可以将试件的应变转换成应变片的电阻变化，但这种电阻变化通常很小。实验中引入了测量电路，它的作用就是将电阻应变片感受到的电阻变化率 $\Delta R/R$ 变换成电压（或电流）的信号，在经过放大器将信号放大、输出。

测量对象为一等强度梁，在等强度梁的各截面处的上下表面分别粘贴电阻应变片 R_1、R_2、R_3、R_4、R_5、R_6，如图 3-14 所示；在实验装置附近有一个作为单臂半桥测量时的温度补偿片，当给试件加载荷时，等强度梁发生变形，其上下表面所贴的电阻应变片随之产生拉伸或压缩变形，按电测法原理，可选择不同的接桥方式测出贴片截面处的应变值。

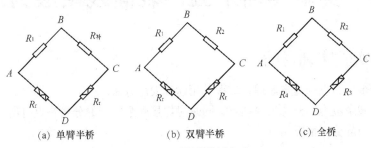

(a) 单臂半桥　　　　(b) 双臂半桥　　　　(c) 全桥

图 3-16　不同的接桥方式

① 单臂半桥：其组成形式如图 3-16（a）所示，AB 桥臂为测量片 R_1，BC 桥臂为温度补偿片 $R_补$，CD、DA 桥臂 R 为应变仪内部提供的标准电阻，应变仪读出的应变值与真实值之间的关系为

$$\varepsilon_{ds} = \varepsilon_p$$

② 双臂半桥：其组成形式如图 3-16（b）所示，AB 桥臂为测量片 R_1，BC 桥臂应为 R_2，R 为应变仪内部提供的准确电阻，应变仪读出的应变值与真实值关系为：

$$\varepsilon_{ds} = \varepsilon_p$$

③ 全桥连接：组成形式如图 3-16（c）所示，AB、BC、CD、DA 四个桥臂分别为测量片 R_1、R_2、R_3、R_4，应变仪读出的应变值与真实值之间关系为：

$$\varepsilon_{ds} = 4\varepsilon_p$$

3.14.4　实验实训步骤

（1）熟悉应变仪面板，将电源线接到仪器电源插孔，另一端暂时不通电。

（2）按要求将被测点的电阻片接入电桥插孔并将螺钉拧紧。

① 单臂半桥连接时，将测量片 R_1 接入某通道的 A、B 插孔，将温度补偿片 $R_补$ 接入同一通道的 B、C 插孔，面板上的"半桥、全桥"开关放置半桥位置。

② 双臂半桥连接时，将测量片 R_1 接入某通道的 A、B 插孔，测量片 R_2 接入同一通道的 B、C 插孔，面板上的"半桥、全桥"开关放置半桥位置。

③ 全桥连接时，将测量片 R_1、R_2、R_3、R_4 分别接入某一通道的 AB、BC、CD、DA 插孔，面板上的"半桥、全桥"开关放置全桥位置。

（3）已知电阻片的灵敏系数 K=2.10，调整应变仪后面面板上的灵敏系数为 2.10。

（4）将应变仪接通电源，打开电源开关，指示灯亮，切换通道用 LED 显示。将切换开关拧到接有测量电桥的通道，该通道的指示灯亮，显示屏幕上示为精密电位器，直到数码显示为零。

（5）给试件加载荷，每次加 1kg，共加 5kg，每加一级，记录一次应变读数。直到预定载荷为止（上述测量重复三遍），将不同接桥方式的测量应变读数填入表中。

（6）测试完毕后关电源，拆下接线，使仪器和实验装置回复初始状态。

3.14.5　实验实训注意事项

（1）必须严格遵守仪器操作规程。

（2）仪器切换通道时，要切换到位，不要停在两挡之间。

（3）测试过程中用砝码加载，禁止用手加力到梁上。

3.15　实验实训十五　表面残余应力测定

3.15.1　实验实训目的

（1）了解残余应力仪的基本原理，掌握其用途和使用方法。

（2）对表面残余应力的概念加深理解，同时对焊接残余应力的分布特点有所了解，熟悉不同加工状态表面应力的分布情况。

3.15.2　实验实训设备

（1）MSF-2M、X-95 型 X 射线应力测定仪。

（2）电解抛光仪。

3.15.3　实验实训原理

宏观残余应力对金属材料使用性能的影响，越来越受到人们的重视。金属材料中残余应力的大小及分布，对构件的尺寸精度的稳定性、构件的静态强度和疲劳强度等都有影响。

（1）当金属材料表面是无应力状态，即在不受荷载作用的情况下（如在纯弯曲中矩形截面的梁或板）。如给它加载，在弹性阶段内，其横截面的应力可以表示为

$$\sigma=\frac{M\cdot y}{I_z} \tag{3-22}$$

此时，应力、应变为线性关系。当梁内（表面处）最大应力达到 σ_s 时，梁表面开始屈服，此时相应的弹性极限弯矩为 $M_e=W_z\cdot\sigma_s$。继续增加载荷，塑性区向截面内部扩展，当梁横截面各点的应力都达到 σ_s，梁处于塑性极限状态。此时对应的塑性极限弯矩为 $M_u=1.5M_e$，梁出现塑性铰。

卸载时，相当于加上相反的弯矩 $-M'$。

$$\sigma'=\frac{-M'}{W_z}=-\frac{M_u}{W_z}=-\frac{1.5M_e}{W_z} \tag{3-23}$$

显然，$\sigma'>\sigma'_s$，如将加载应力与卸载应力相叠加，两种应力的代数和即为残余应力

$$\sigma_r=\sigma+\sigma' \tag{3-24}$$

工程上常用的自增强技术，也就是利用超载试验，得到有利的残余应力，使之再次加载时提高其弹性范围。

（2）对于焊接结构，在焊缝和焊缝附近的热影响区部位，存在着较高的残余拉应力，而这些残余应力往往是有害的，它极易在高残余应力区产生裂纹。而对于重大设备而言，如大型结构、

压力容器等，对残余应力都要进行及时消除和检测。

对于焊后的残余应力，特别是焊缝及热影响区部位，往往达到（0.7～1.0）σ_s。而经过热处理或振动等方法对应力进行消除后，效果较好时残余应力可降至(0.3～0.5)σ_s。

（3）在轧辊加热淬火时，如果工艺参数选择不当，淬火后，轧辊表层就会产生极大的残余拉应力，从而导致轧辊自行破裂。

（4）在机械行业中，对于不同的加工状态，会得到不同的表面应力情况，其中有拉应力，同时也存在压应力。经过表面强化处理的工件，在其表面可获得较大的残余压应力层。这一层压应力减弱了工件表面微缺陷和残余拉应力在疲劳过程中的有害作用，从而提高了工件的疲劳寿命。

3.15.4　实验实训步骤

1. 手动测量

① 对被测物体表面的测点处应进行表面的平整处理，可以用砂轮片将其表面打磨平整，然后用粗、细砂纸进行交叉打磨，到足够光亮时无上一道痕迹时为止。

② 对被测点用电解抛光仪进行电解抛光，同时调节电压旋钮，以保证电解电流小于 2mA。

③ 用胶带遮挡被测点的周围，只漏出测点。

④ 将被测物置于 X 射线应力仪测角头下，用标定杆进行位置标定，准确无误后，用铅皮将测点周围进行遮挡。

⑤ 接通电源，打开高压箱及控制箱的总开关，注意开启高压箱的总电源后，开始进行循环水系统的工作。

⑥ 开启高压电源，此时红灯闪亮，等待 1～2min 后，慢慢右旋高压电流按钮，直至电流达到 6～7mA 为止。

⑦ 按下控制箱的开始按钮，此时测量正式开始。

⑧ 测试完成后，对于高压电源自动断电，红灯闪烁结束。

⑨ 控制箱内计算机将自动打印出测试的结果。

⑩ 关机，分别关闭电源。

2. 自动测量

实验步骤为手动测量步骤的①～④。

3.15.5　实验实训注意事项

（1）用 X 射线操作时，对其朝人的方向要用防射线的专用的铅玻璃隔离，当测量开始时（如红灯闪烁），即意味着有危险射线，远离射线 4m 以上才是安全的。

（2）测量完成后，不要关闭总电源，由于 X 光管工作时热量很高，故测量结束后应使其冷却水继续循环 5min 后再停止。

3.15.6　实验实训预习要求

（1）实验前，应了解 X 射线测量的基本原理及使用方法。

（2）掌握残余应力的概念，了解梁的弹塑性弯曲的相关概念。

3.15.7　实验报告

对所测的不同构件的残余应力水平做出总结，并与工程实践相结合，提出自己的看法，同时在实验报告中，应写出所测构件的受力简图、测量过程及测试结果，并与理论值结果进行对比。

3.16   实验实训十六   光弹性法测应力集中系数

3.16.1   实验实训目的

练习用光弹性法测定带孔板受均匀拉伸时的应力集中系数。

3.16.2   实验实训设备

（1）单色光源。

（2）投影式光弹仪。

（3）带孔拉伸试件，用环氧树脂或聚碳酸酯板材制成。加工时刀具要锋利，加工速度要适当，避免产生加工应力。

3.16.3   实验实训原理

光弹性法可以测出等差线，在孔的边缘上不受任何外荷载的作用，即为自由边界。在自由边界上，根据

$$\sigma_1（或\sigma_2）= \frac{nf_\sigma}{t} \tag{3-25}$$

只要测出 n，即可计算出主应力的大小。用光弹性法可以直观地看到应力集中现象，并且可以精确地测出应力集中系数和主应力的大小。

3.16.4   实验实训步骤

（1）将试件安装在加力架上，两端需用特制的夹具使试件受到均匀拉伸。

（2）测取材料条纹值 f_σ，为此应采用单色光。当未受力时，试件中应力为零，因此投影在屏幕上的像为暗色。当载荷 P 逐渐加大，试件上部的像则由暗变亮，然后由亮变暗。这种光强度变化一个循环，条纹级次增大一级。当条纹级次为 n 级时，记录载荷 P 数值。根据材料力学公式可以算出上半部的拉应力为

$$\sigma_1 = \frac{p}{D_c t} \tag{3-26}$$

将式（3-26）代入（3-25）得：

$$\frac{p}{D_c t} = \frac{nf_\sigma}{t} \tag{3-27}$$

即

$$f_\sigma = \frac{p}{nD_c} \tag{3-28}$$

因为 n，p，D_c 均为已知，所以 f_σ 可求出。测取 f_σ 时，一般取 $n=1$，2，3；然后计算材料条纹值的平均值作为材料的条纹值。载荷不可过大，只有在一定载荷范围内，P 才与 n 成正比。

（3）用对径受压圆盘确定材料条纹值。取一圆盘试件，在对径受压载荷作用下，其等差线的条纹可以用图来表示。如测取圆盘中心点处的等差线条纹级次 n，由式（3-29）计算材料条纹值：

$$f_\sigma = \frac{8P}{nD} \tag{3-29}$$

式中，D 为圆盘直径；P 为加在圆盘上的载荷。

（4）测取应力集中处最大条纹级次 n_{max}。测量方法有以下两种。

① 整数级次条纹法。用投影式的光弹仪在屏幕上将试件放大，这时调整载荷 P 使应力集中处的条纹恰好为整数级次，然后读出载荷 P 及 n_{max} 值。在确定 n_{max} 前，先找出零级条纹点。一般在自由边界直角处（即死角处），该点为零级点。如果试件无死角，可改用白光源，然后适当改变死角来确定零级。当改变载荷时，零点的暗色不变，而其他点的颜色则随载荷的改变而变化。最后，再用单色光测定 n_{max}，对应的最大应力 σ_{max}，可用式（3-30）进行计算。

$$\sigma_{max} = \frac{n_{max} f_\sigma}{t} \tag{3-30}$$

② 非整数级次条纹的补偿法。在一般情况下试件受力后，测点处不一定是整数级次条纹。利用补偿法，可以精确地确定非整数级次和非半数级次条纹。在光弹性法中有多种补偿方法，下面介绍旋转偏振镜补偿法。

首先确定被测点的主应力方向，然后同步旋转正交圆偏振镜系统，使偏振轴与测点主应力方向相合。对于拉伸带孔板的最大应力在孔的两侧面中点处，这两点的主应力方向是 0°（90°），恰好与偏振轴的 0°（90°）的位置重合。单独旋转检偏镜，使最靠近孔边附近的整数级次条纹向孔边移动，待该整数级条纹中线与边界重合时，读出检偏镜的转角 θ，最大条纹级次为

$$n_{max} = n + \frac{\theta}{180°} \tag{3-31}$$

n 为距孔边最近的在补偿过程中移至孔边界的整数级条纹的级别。将 n_{max} 代入式（3-30）即可得到 σ_{max}。

设应力集中处的名义应力为 σ_n，则有

$$\sigma_n = \frac{P}{dt} \tag{3-32}$$

式中，t 为板的厚度，d 为板局部削弱后的宽度。若孔边 A 点的应力集中系数为 α，则根据定义有

$$\alpha = \frac{\sigma_{max}}{\sigma_n} \tag{3-33}$$

将式（3-31）、式（3-32）带入式（3-33）得：

$$\alpha = \frac{n_{max} f_\sigma d}{P}$$

实验时先求出 f_σ，然后再将 n_{max} 测出，代入式（3-33）求出应力集中系数。

3.17　实验实训十七　弹塑性应力与电测法的综合实验

3.17.1　实验实训目的

（1）理解材料的弹塑性过程，认识材料进入塑性后的状态与卸载后的残余应力的分布情况。

（2）本试验采用 X 射线与电测法相结合。用电测法观察试样加和卸载时的应力、应变情况，用 X 射线法进行表面应力的测定。自行制定实验方案（先贴片，后布线，再测试），分析两种方法所测实验结果的全过程。从而对静态电测的基本测试技术、X 射线表面应力测量方法进行一次综合训练，以进一步巩固理论知识。从一般材料力学处理的弹性问题扩展至塑性问题，特别是会涉及一些目前尚未有的完整理论解的问题。与工程实际相结合，培养独立分析问题、解决问题的能力，培养实验动手能力，培养科学的工作作风。

3.17.2　实验实训设备

（1）MSF-2M、X-95 型 X 射线应力测试仪。
（2）电解抛光仪。
（3）静态电阻应变仪。
（4）加载实验台。

3.17.3　实验实训概述

用电测法测定梁在纯弯曲时弹性状态及进入塑性后的应力-应变情况，观察屈服状态，判断塑性铰的出现及观察塑性铰的特征，分析卸载特点。从理论分析得出卸载后表面残余应力的状态，并用 X 射线加以验证对比。

实验要求如下。
（1）用电测法测定试样在纯弯曲段内上下表面处弹性及塑性阶段的应力-应变情况。
（2）用计算机画出弹塑性阶段的应力-应变曲线及卸载曲线。
（3）观察弹塑性阶段泊松比 μ 的变化，同时测定弹性模量 E 及泊松比 μ。
（4）观察材料在出现塑性铰时的应力-应变特征。
（5）测定卸载后试件上下表面的残余应力。
（6）观察卸载规律，得出相应的结论。
（7）计算卸载后的残余应力，塑性极限载荷和弹性极限载荷的大小，并与理论值进行对比。

3.17.4　实验实训步骤

实验以小组方式进行。
本实验为破坏性实验，塑性变形后试件不可恢复。先求理论解，进行全面准备后再动手做实验。实验前，先制定实验方案，包括加载方案。
（1）考虑电测贴片及残余应力测试，应对试件进行打磨。
（2）选片、贴片、焊线。
（3）确定加载方案，尤其是进入塑性后的加载方案，计算弹性极限载荷。
（4）借助电阻应变仪和加载试验台测定并记录载荷-应变曲线，进入全塑性后进行卸载，记录卸载曲线。
（5）对塑性变形的试件抛光，准备进行残余应力测试。
（6）残余应力测试。
（7）分析实验结果，对理论值与实际值进行比较。
（8）结合工程实例，通过实验，提出自己的见解，得出结论。独立完成实验报告。

3.17.5　实验实训注意事项

（1）不要损坏设备，保证安全操作。按照操作规程，正确进行仪器设备的使用。

（2）对实验的耗材注意节约，不要浪费。

3.17.6　实验实训预习要求

（1）本实验是开放性实验，学生应大胆想象、创新，充分发挥自己的聪明才智，积极探索尚未成熟的领域。本实验综合性强，独立性强，涉及的知识面也较宽，学生应提前做好预习，多看复习资料。

（2）本实验为破坏性实验，在实验前应认真制定加载方案，先求理论解，最后根据实际情况，全面考虑。

3.18　实验实训十八　组合实验台的综合实验

3.18.1　实验实训目的

（1）初步训练计算机的实验技术，如数据采集、测试、分析技术。在本实验中均配备了计算机及接口，充分利用计算机进行数据处理。

（2）综合运用电测法的知识，通过自行设计实验方案（先贴片，后布线，再测试，继而分析等），对电测法的基本测试技术进行综合训练。

（3）利用组合实验台的各种构件，自行搭设实验台架，完成实验。

（4）在实验中加深对理论知识的理解和应用，将复杂的工程问题抽象和模型化，以加强对知识的综合应用能力。

3.18.2　实验实训设备

（1）组合实验台台架。

（2）静态数字应变仪。

（3）计算机及接口板。

3.18.3　实验实训概述

组合实验台采用蜗杆机构，以螺旋千斤顶进行加载，经传感器由力和应变综合参数测试仪测力部分测出力的大小；各试件的受力变形，通过应变片由力和应变综合参数测试仪测出应变部分显示应变值。该实验台整机结构紧凑，加载稳定、操作省力，实验效果好，易于学生自己动手操作。根据实际需要，本设备还可以增设其他实验，仪器配有计算机接口，实验数据可以由计算机处理。本产品的框架设计由封闭型钢及铸件组成，表面经过处理；每项实验均配有表面经过处理的试件和附件，并配有小实验桌，摆放仪器、试件和附件。

3.18.4　多功能实验台功能

具有多种实验功能，已设计出以下 7 种实验。

（1）可以进行压杆稳定实验。

（2）悬臂梁实验。

（3）弯扭组合受力分析。

（4）偏心拉伸实验。

（5）材料弹性模量 E 和泊松比 μ 的测定。

（6）电阻应变片灵敏系数的标定。

（7）可以进行纯弯曲梁正应力的分布规律实验。

利用现有的实验台架可搭设各种实验装置，以实现多种实验要求。利用电测法的实验技术，可完成不同的测试任务。可以根据自己所学的知识，自行设计实验，自行实施并自行检测和分析实验结果。

预习本实验时，可带着下面 4 个问题进行。

① 本实验所需解决的问题是什么？其工程背景怎样？

② 研究此类问题的目的是什么？其问题的性质是什么？

③ 解决此类问题的方法是什么？

④ 亟待解决的问题是什么？

制定实验方案时，从以上四个方面进行预习。

3.18.5　实验实训项目说明

本实验装置是用于高等工科院校作为材料力学电测法实验的主机，配套使用的仪器设备还有拉压力传感器、力和应变综合测试仪、电阻应变片、连接导线等。力和应变综合参数测试仪配有计算机接口，实验数据由计算机进行处理。

电测法的基本原理：用电阻应变片测定构件表面的线应变，再根据应变-应力关系确定表面应力状态的一种应力分析的实验方法。应力-应变电阻法不仅用于验证材料力学的基本理论，测量材料的力学性能，而且作为一种主要的工程测试手段，为解决工程实际问题及从事科学研究提供了良好的实验基础。通过动手操作，学生可以掌握电测的基本方法，不仅巩固所学的材料力学的知识，更重要的是增强了今后工作中解决实际问题的能力。

1. 纯弯曲梁横截面上的正应力的分布规律实验

该装置（见图 3-17）附有两根弯曲梁，一根高度为 25mm，用于电阻应变片灵敏系数的标定实验；另一根高度为 40mm，用于纯弯曲梁正应力分布规律的实验。弯曲变形是材料力学课程中重要的环节，材料力学中纯弯曲正应力分布规律实验一般在万能试验机上进行，实验很不方便，而利用这些设备，可以很方便地测定纯弯曲梁的正应力分布规律。

根据材料力学中弯曲梁的平面假设，沿着梁横截面高度的正应力分布规律应当是直线，为了验证此假设，在梁的纯弯曲段内粘贴 5～6 个电阻应变片，$1^{\#}$、$5^{\#}$ 在梁的上下表面，$3^{\#}$ 片在梁的中性层。$1^{\#}$、$5^{\#}$、$3^{\#}$、$4^{\#}$ 片中性层的距离如图 3-17 所示。加载时应变仪测出读数即可知道沿着横截面高度的正应力的分布规律。

在材料力学中，还假设梁的纯弯曲段是单向应力状态，为此可在梁上（或下）表面横向粘贴 $6^{\#}$ 应变片，可以进一步测出 $\varepsilon_{横}$，根据

$$\varepsilon_{横} / \varepsilon_{纵} = \mu \qquad\qquad (3\text{-}34)$$

式中，μ 为梁材料的泊松比。

可由（$\varepsilon_{横} / \varepsilon_{纵}$）计算得到 μ，从而验证梁弯曲时近似于单向应力状态。而本实验载荷范围：

0～4kN，试件 $E=190\sim210\text{GPa}$，$\mu=0.26\sim0.33$。利用此装置，支块上放置叠梁，还可进行组合梁的实验。

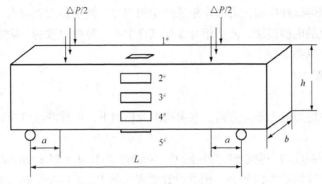

图 3-17 纯弯曲梁横截面上的正应力实验

2. 电阻应变片灵敏系数的标定

（1）实验目的

掌握电阻应变片灵敏系数 K 值的标定方法。

（2）实验设备

材料力学组合实验台纯弯曲实验装置与部件；XL2118 系列力和应变综合参数测试仪；游标卡尺、钢直尺、千分表三点挠度仪 。

（3）实验方法

在进行标定时，一般采用一单向应力状态的试件，通常采用纯弯曲梁或等强度梁。在标定应变片灵敏系数时，一般把应变仪的灵敏系数调至 $K_0=2.00$，并采用分级加载的方式，测量在不同载荷下应变片的读数 ε_d 和梁在三点挠度仪长度 a 范围内的挠度 f。

3. 材料弹性常数 E、μ 的测定

（1）实验目的

测定低碳钢的弹性模量 E 和泊松比 μ，验证虎克定律。

（2）实验方法

电测法测定弹性模量 E，电测法测定泊松比 μ。

（3）实验装置

将组装好的拉伸试件安装在试验台前面下方的框架中，本实验的载荷范围为 0～5000N，试件 $E=190\sim210\text{GPa}$，$\mu=0.26\sim0.33$。

弹性模量 E 和泊松比 μ 的测定如图 3-18 所示。

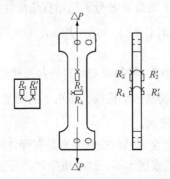

图 3-18 弹性模量 E 和泊松比 μ 的测定

4.偏心拉伸实验

（1）实验目的

分别测量偏心拉伸试样中由拉力和弯矩所产生的应力，测定最大正应力，测定偏心距。

熟悉电阻应变仪的电桥接法，测量组合变形试样中某一种内力素的一般方法。

5.弯扭组合实验

（1）实验目的

用电测法测定主应力的大小与方向；在弯扭组合作用下，单独测出弯矩和扭矩。

（2）实验装置

试件是无缝钢管制成的一空心轴，外径 $D = 40$mm，内径 $d = 35.8$mm，$E=190\sim210$GPa，μ $=0.26\sim0.33$，实验装置如图 3-19 所示。根据设计要求初载 $P_{min}\geq100$N，$P_{max}\leq700$N。实验前将扇形加力臂上的钢丝绳与传感器上的绳座相连接。

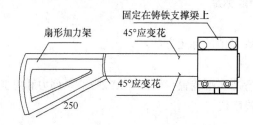

图 3-19　弯扭组合的实验装置

电阻应变片在管的 m、m' 处的布片方案如图 3-20 所示。

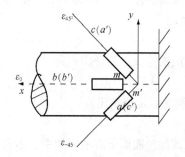

图 3-20　电阻应变片的布片方案

在待测截面的上表面 m 点及下表面 m' 处分别粘贴直角应变花，电阻按顺时针排列（下表面测点电阻应变片顺序由下往上看），R_a（R_a'）为第一片，R_b（R_b'）为第二片，R_c（R_c'）为第三片。

（3）实验方法

首先，测主应力的大小和方向时，将各应变片与公共补偿片组成半桥；其次，弯矩 M 的测量（消除扭转因素），R_b 与 R_b' 组成半桥接入。再次，扭矩 T 的测量（消除弯矩影响），利用 R_a、R_a'、R_b、R_b' 四片电阻应变片组成全桥接入。

实验平台如图 3-21 所示，四个金属箔应变片分别贴在弹性体的上下两侧，弹性体受到压力发生形变，应变片随弹性体变被拉伸或被压缩。这些应变片将应变变化转换为电阻的应变。

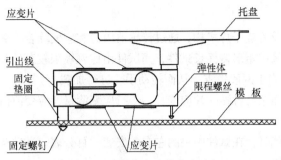

图 3-21　电阻应变片的实验平台

6. 悬臂梁实验

（1）实验目的

测定悬臂梁上、下表面的应力，进一步验证梁的弯曲理论。

（2）实验装置

实验时在试验台前面架的右边有一悬臂梁的座，将梁的任意端装在支座上，紧固后便可以实验。梁在弯曲时，同一截面上表面纤维产生压应变，下表面纤维产生拉应变，但是拉压的绝对值相等。

（3）悬臂梁的动应力测定

用光线示波器进行记录，用敲击法，当 R_1、R_2 接入动态应变仪，记录下其振动波形。并与理论值计算结果进行比较。

本实验载荷范围：$0 \sim 50N$，试件 $E=190 \sim 210MPa$，$\mu=0.26 \sim 0.33$。

如将实验装置的悬臂梁改成等强度梁，还可进行等强度梁的实验。

7. 压杆稳定实验

（1）实验目的

观察压杆丧失稳定的现象，用实验方法测定两端铰支压杆临界载荷 P_k，且与理论值进行比较。

（2）实验装置

将组装好的压杆稳定试验装置安装在试验台前片架内框正中，如图 3-22 所示。

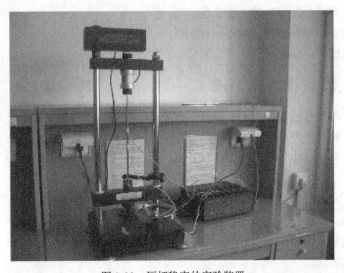

图 3-22　压杆稳定的实验装置

（3）加载方法

该装置仍采用蜗杆及斡旋千斤机构，通过传感器由力和应变综合参数测试仪测力部分读出力的大小。实验过程中，采用矩形截面长试件，而试件由比例极限较高的弹性钢制成，放在上下铰支的 V 形槽中，进而相当于两段铰支，从而转动手轮进行加载。

在试件的中段的截面左右各贴一片应变片，进行应变测量，应变值由力和应变综合参数测试仪测应变部分读出。

由挠度确定临界荷载时，在试件中央的左右各安装一百分表，试件挠度朝向哪一边，就以哪个百分表的读数作为依据。

承受轴向压力 P 的压杆，当 P 很小时则承受简单压缩，假如人为地在试件的任一侧面扰动从而让试件稍微弯曲，当扰动力去除后试件会自动弹回进而恢复原状。如果这样，试件轴线仍保持直线，试件就一定处于稳定状态。

当达到某一 P_k 后，虽然扰动力去除，但试件的轴线不再恢复原状。此时，试件丧失了稳定性，载荷 P_k 的临界值：

$$P_k = \frac{E\pi^2 I_{min}}{ul} \tag{3-35}$$

式中　I_{min}——压杆截面最小惯性矩；

　　　E——压杆弹性模量；

　　　l——压杆长度；

　　　u——压杆长度系数。

该套实验装置，对于一端铰支、一端固定的压杆稳定实验也可以进行测量。

3.18.6　实验实训步骤

（1）在认真预习的基础上，详细制定实验方案。

（2）搭设实验台架，考虑实验中的加载、支撑等问题。

（3）表面处理其欲测部位。

（4）选片、粘贴、焊线。

（5）应用计算机进行标定、输入等工作。

（6）用应变仪或传感器进行应变、位移测量。

（7）分析测量结果，如不合适，重复测量。

3.18.7　实验实训注意事项

（1）所需零件均需经过表面处理、电镀、煮黑等，在需要部位进行贴片、焊线等工作。尽可能减少打磨，保护好仪器外观。

（2）学生自编程序，应用计算机采集、计算、分析。

3.18.8　实验实训报告

（1）实验原理、工程背景、实验目的应明确。

（2）画出实验装置简图。

（3）掌握测试方法。

（4）做好测试记录和测试结果。

（5）进行理论值与实际值的比较。

（6）科学分析实验结果。

（7）记录在实验过程中的实验现象和未解决的问题。

（8）写出自己的收获和体会。

3.18.9　实验实训预习要求

（1）本实验由实验小组负责完成，形式完全开放。各小组独立思考，拟定好实验计划，做好实验安排，充分发挥实验小组的作用。

（2）实验前，应进行理论分析，实验设计，并对实验实施进行可行性的论证。在此基础上，详细制定实验方案，试着求出理论解。

（3）对于小型化的实验，应实际问题抽象化，进行简化，建立力学模型。本实验由于设备的限制，有一定的局限性，但操作方便，易于调整，具有实现多次重复性测量等优点。

在实验时，应充分利用实验组合台的优势，力争用简单的实验去说明复杂的工程问题，分析问题时，应抓住主要问题，进行系统、合理的测试分析。

3.19　实验实训十九　真应力应变曲线的测定

3.19.1　实验实训目的

（1）了解真应力和真应变的定义及其与通常的应力与应变之间的关系。

（2）练习对塑性的金属材料测定其真应力应变曲线。

3.19.2　实验实训设备及工具

（1）万能试验机或拉力试验机。

（2）游标卡尺或千分尺，扎规。

（3）千分表式引伸仪。

3.19.3　实验实训原理与装置

塑性材料的试件从拉伸阶段进入屈服阶段以后，就开始了大量的塑性变形，其变形量远比弹性变形大的多。同时，试件的横截面面积也逐渐变细。待进入强化阶段以后，试件出现了颈缩现象，横截面收缩更加明显。尤其是试件在局部变细阶段，拉伸应变在试件标距段内是不均匀的，颈缩部分拉伸应变较大。这样，在拉伸实验中，如超过弹性范围之后，如用 $\sigma=P/A_0$（A_0 为试件的原截面面积）来表示横截面上的应力和用 $\varepsilon=\Delta l/l_0$（l_0 为试件的标距原长）来表示标距段内的应变都不真实。通常的应力-应变图也就不能真实地反映材料的全拉伸过程中应力和应变的真实关系。为了得到真实关系，需测定材料的真应力应变曲线。

首先在拉伸实验的任一瞬时，用该瞬时的真实的横截面面积 A 去除该瞬时的载荷 P，所得的商称为真应力 σ_t，即

$$\sigma_t = P/A \tag{3-36}$$

考虑到真应力，惯用的应力应变图中颈缩以后的曲线下降是不符合材料的真实抗力的，曲线应当不断上升，这说明颈缩开始以后材料还是不断地变形和硬化。

其次，再引入真应变的概念。在通常的情况下，应变定义是

$$\varepsilon = \Delta l / l_0 = \frac{l - l_0}{l_0} \qquad (3\text{-}37)$$

式中，l 是拉伸过程中某一瞬间标距的长度。于是应变的增量是

$$d_\varepsilon = \frac{dl}{l_0} \qquad (3\text{-}38)$$

即将标距长度增量除以原始长度 l_0。把某一瞬时的长度 l 去除该时刻的伸长量 dl 定义为真应变（也称为自然应变）ε_t 的增量，即

$$d_{\varepsilon t} = \frac{dl}{l} \qquad (3\text{-}39)$$

这样，在长度为 l 时的真应变是真应变增量的积累值，即

$$\varepsilon_t = \int d\varepsilon_t = \int_{l_0}^{l} \frac{dl}{l} = \ln \frac{l}{l_0} \qquad (3\text{-}40)$$

那么

$$\frac{l}{l_0} = \frac{l_0 + \Delta l}{l_0} = 1 + \frac{\Delta l}{l_0} = 1 + \varepsilon \qquad (3\text{-}41)$$

将式（3-40）代入式（3-41）得

$$\varepsilon_t = \ln(1 + \varepsilon) \qquad (3\text{-}42)$$

式（3-42）给出了真应变 ε_t 与惯用应变 ε 之间的关系。

材料在塑性变形下的体积认为是不变的，于是有

$$Al = A_0 l_0$$

那么

$$A = \frac{A_0 l_0}{l} = \frac{A_0}{1 + \varepsilon} \qquad (3\text{-}43)$$

将式（3-43）代入式（3-36），得到

$$\sigma_t = \frac{P}{A_0}(1 + \varepsilon) = \sigma(1 + \varepsilon) \qquad (3\text{-}44)$$

式（3-44）给出了真应力 σ_t 与惯用应力 σ 的关系。

根据材料在塑性变形时体积不变的假设，可以得到横向应变 ε' 与纵向应变 ε 的比值为 $-1/2$，于是

$$\varepsilon' = -\varepsilon / 2 \qquad (3\text{-}45)$$

利用式（3-45），可将式（3-42）和式（3-44）式改写为

$$\varepsilon_t = \ln(2 - 2\varepsilon') \qquad (3\text{-}46)$$

$$\sigma_t = \sigma(2 - 2\varepsilon') \qquad (3\text{-}47)$$

可以根据式（3-46）和式（3-47）绘制真应力应变关系。当开始产生颈缩时，测量横向相变 ε' 比较方便，也比较准确。因此可以根据式（3-42）和式（3-44）来计算真应力和真应变。

3.19.4　实验实训步骤

1. 试样准备

先取低碳钢试件，测取试件的最小直径，计算横截面面积 A_0。

2. 准备试验机

可以根据拉断载荷的大小，选用合适的测力度盘及摆锤，调整测力指针对准零点。

3. 安装试件及引伸仪

根据量程的大小选择合适的引伸仪并正确安装好，同时把试件装夹在试验机上。

4. 检查及试车

开机后先加小量荷载，然后卸载，进一步检查试验机及引伸仪是否处于正常状态。

5. 进行试验

① 屈服之前，将拉伸载荷分为若干等份，按照等量加载，再根据载荷值由引伸仪读取相应的伸长值 Δl。

② 屈服之后，卸下引伸仪，改用扎规，取一定间隔的伸长，且在伸长值下读取对应的载荷值。

③ 开始颈缩时，改为测量横向应变和与之对应的载荷读数，直到实验结束。

3.19.5　实验实训结果处理

（1）计算惯用应力 $\sigma = P/A_0$，再用式（3-37）计算应变 ε。

（2）根据式（3-42）和式（3-44）计算真应变和真应力。

（3）颈缩后，按照式（3-46）和式（3-47）计算真应变和真应力。

3.20　实验实训二十　平面应变断裂韧度 K_{1c} 测定

3.20.1　实验实训目的

（1）测定材料的平面应变断裂韧度 K_{1c}。

（2）掌握实验数据的处理方法，熟悉使用有关的仪器设备。

3.20.2　实验实训设备

（1）电阻应变仪。

（2）x-y 函数记录仪，用于自动绘制载荷-位移曲线。

（3）高频疲劳试验机，用于对试件预制疲劳裂纹。

（4）万能材料试验机，用于对试件连续缓慢的加载。试验机的加载速率必须是可调的。为了将载荷转换为电讯号，必须附有载荷传感器装置。

（5）夹式引伸仪。

（6）工具显微镜。

3.20.3 实验实训原理

1. K_{1c}的定义

线弹性断裂力学指出，带裂纹体裂纹尖端附近的弹性应力场的强度可用应力强度因子 K（$kg/mm^{3/2}$，$MPa \cdot m^{\frac{1}{2}}$）来度量。而对于 I 型（张开型）裂纹的断裂准则为：当应力强度因子达到其临界值 K_c 时，裂纹即失稳扩展而导致断裂。K_c 可由带裂纹的试件测得，它代表材料抵抗裂纹失稳扩展的能力，称为断裂韧度。实验进一步表明，材料的断裂韧度随试件厚度 B 变化而变化，如图 3-23 所示。在试件厚度达到某一定值 B_0 后，断裂韧度不再随厚度变化。此时则认为裂纹尖端附近的材料处于平面应变状态，其对应的断裂韧度值称为"平面应变断裂韧度"，用符号 K_{1c} 表示。显然，K_{1c} 为材料常数。

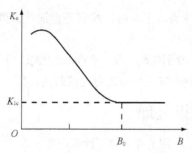

图 3-23　断裂韧度 K_c 随厚度 B 的变化

2. 测试原理

为了测定 K_{1c} 值，需要对带有裂纹的试件进行拉伸或弯曲试验，进而使裂纹产生 I 型扩展。而 K_{1c} 就是裂纹开始失稳扩展的临界点处所对应的应力强度因子值。

如要测定 K_{1c} 值，所采用的试件，需要满足线弹性、平面应变和 I 型三项基本要求，而形状、裂纹形态和加载形式应不受限制。但是，为了有利于 K_{1c} 试验工作的推广和实验结果的比较，我国推荐了两种常用的试件：三点弯曲试件（见图 3-24）和紧凑拉伸试件（见图 3-25）。

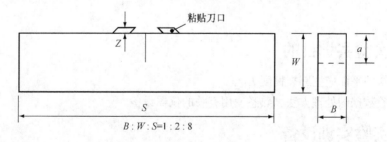

图 3-24　三点弯曲试件

由于两种推荐试件在载荷作用下的裂纹扩展均属于 I 型，下面分别给出它们的应力强度因子公式。

对于三点弯曲试件：

$$K_1 = \frac{PS}{BW^{3/2}} Y_1 \left(\frac{a}{W} \right) \tag{3-48}$$

式中，P 为施加于跨度中央的载荷；B、W 分别为试件的厚度和宽度；S 为跨度，即两个支撑点之间的距离；a 为裂纹长度，由试件下表面算起；$Y_1\left(\dfrac{a}{W}\right)$ 由下列公式给出：

$$Y_1\left(\frac{a}{W}\right)=2.9\left(\frac{a}{W}\right)^{\frac{1}{2}}-4.6\left(\frac{a}{W}\right)^{\frac{3}{2}}+21.8\left(\frac{a}{W}\right)^{\frac{5}{2}}-37.6\left(\frac{a}{W}\right)^{\frac{7}{2}}+38.7\left(\frac{a}{W}\right)^{\frac{9}{2}} \qquad （3-49）$$

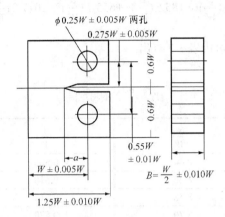

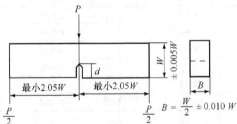

图 3-25　紧凑拉伸试件

$Y_1\left(\dfrac{a}{W}\right)$ 的若干特定值可由表 3-6 查出。

表 3-6　　　　　　　　　　　　　　　　　$Y_1\left(\dfrac{a}{W}\right)$ 的特定值

$\dfrac{a}{W}$	$Y_1\left(\dfrac{a}{W}\right)$	$\dfrac{a}{W}$	$Y_1\left(\dfrac{a}{W}\right)$
0.450	2.29	0.505	2.70
0.455	2.32	0.510	2.75
0.460	2.35	0.515	2.79
0.465	2.39	0.520	2.84
0.470	2.43	0.525	2.89
0.475	2.46	0.530	2.94
0.480	2.50	0.535	2.99
0.485	2.54	0.540	3.04
0.490	2.58	0.545	3.09
0.495	2.62	0.550	3.14
0.500	2.66		

对于紧凑拉伸试件：

$$K_1=\frac{P}{BW^{1/2}}\,Y_2\left(\frac{a}{W}\right) \qquad （3-50）$$

式中，P 为拉伸载荷；B 为试件厚度；W 为试件宽度，由加载线算起；a 为裂纹宽度，也由加载线算起；$Y_2\left(\dfrac{a}{W}\right)$ 由下列公式给出：

$$Y_2\left(\frac{a}{W}\right)=29.6\left(\frac{a}{W}\right)^{\frac{1}{2}}-185.5\left(\frac{a}{W}\right)^{\frac{3}{2}}+655.7\left(\frac{a}{W}\right)^{\frac{5}{2}}-1017.0\left(\frac{a}{W}\right)^{\frac{7}{2}}+638.8\left(\frac{a}{W}\right)^{\frac{9}{2}} \quad (3\text{-}51)$$

$Y_2\left(\dfrac{a}{W}\right)$ 的若干特定值可由表3-7查出。

表 3-7　　　　　　　　　　　　　　　　$Y_2\left(\dfrac{a}{W}\right)$ 的特定值

$\dfrac{a}{W}$	$Y_2\left(\dfrac{a}{W}\right)$	$\dfrac{a}{W}$	$Y_2\left(\dfrac{a}{W}\right)$
0.450	8.34	0.505	9.81
0.455	8.46	0.510	9.96
0.460	8.58	0.515	10.12
0.465	8.70	0.520	10.29
0.470	8.83	0.525	10.45
0.475	8.96	0.530	10.63
0.480	9.09	0.535	10.80
0.485	9.23	0.540	10.98
0.490	9.37	0.545	11.17
0.495	9.51	0.550	11.36
0.500	9.66		

各种试件的 K_1 公式可概括为如下形式：

$$K_1=PF_a \quad (3\text{-}52)$$

式中，P 为所加载荷；a 为裂纹长度，F_a 为试件形式、外形尺寸、加载形式有关的 a 的函数。

根据式（3-52），应有

$$K_{1c}=P_c\times F_{ac} \quad (3\text{-}53)$$

式中，P_c 为临界载荷，ac 为临界裂纹长度。显然，只要从实验中测得 P_c 和 ac，即可得到 K_{1c} 值。

在理想平面应变条件下，裂纹前缘处的材料处于三向拉伸应力状态，呈现出良好的脆性。此时，只要裂纹一开始扩展，就会导致失稳断裂，也就是说，开裂点即为失稳点，临界裂纹长度 ac 就等于初始的裂纹长度 a，即 $ac=a$。但是，对于 $B\geqslant B_0$ 所对应的工程平面应变条件而言，由于试件侧表面附近平面应力状态的影响，裂纹开始扩展后经过一个较短的稳定扩展阶段才失稳断裂，开裂点并非失稳点。为了消除侧表面附近平面应力状态所造成的塑性影响，以测得作为材料常数的 K_{1c} 值，我们应取开裂点作为临界点。但是，精确地测定开裂点是困难的，所以，在 K_{1c} 试验方法中，对于明显的存在裂纹稳定扩展阶段的情况，取裂纹等效扩展2%所对应的点（条件开裂点）作为临界点来确定 P_c，而 ac 则近似地采用初始裂纹长度 a。

基于上述分析，式（3-53）中的 ac 则为试件的初始裂纹长度 a，它可以从断开后的试件断口上量出，而 P_c 则由下述方法确定：在试验中自动记录载荷 P 随试件切口边缘处两个裂纹表面的相对位移 V 的变化曲线，即 P-V 曲线，以对初始线性段斜率下降5%的割线与 P-V 曲线交点处所对应的载荷 P_5 作为取得 P_c 的依据。如果在载荷达到 P_5 前曲线各点载荷均小于 P_5，则取 $P_c=P_5$。可以证明，这样的临界载荷大致对应于裂纹产生2%的等效扩展，这种情况对应着试件侧表面附近的表面应力状态存在显著影响。如果载荷达到 P_5 前曲线各点对应载荷的最大值大于或等于 P_5，则取这个载荷最大值作为 P_c，这种情况接近于理想平面应变状态。图 3-26 中的 P_Q 就对应着上述的 P_c。

需要说明的是，由于平面应力状态下裂纹前缘的塑性区很小，所以，在计算 K_{1c} 时不必进行塑性的修正。

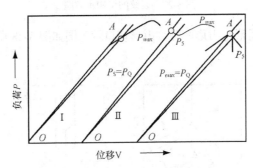

图 3-26　P-V 曲线与 P_Q 的确定

3. 对试件尺寸的要求

为满足线弹性和平面应变条件，对试件尺寸必须提出进一步的要求。

为保证裂纹尖端附近材料基本处于平面应变状态，试件厚度必须满足 $B \geqslant B_0$ 的要求，B_0 即为 K_c-B 曲线开始进入水平时所对应的厚度。但是，要对每种材料均做出 K_c-B 来确定 B_0 是不可能的。因此，需要找出 B_0 与材料性能参数之间的经验关系。可以根据以下经验公式作为参考。

$$B_0 = 2.5 (\frac{K_{1c}}{\sigma_s})^2 \qquad (3\text{-}54)$$

在设计试件时，由于 K_{1c} 值尚未测出，所以需要预先选取预测材料 K_{1c} 的估计值，用它计算出试件厚度的估计值。为确保试验结果的有效性，K_{1c} 估计值要取得稍微大一些。通常，K_{1c} 估计值可以参考类似材料已知的 K_{1c} 数据来选取。在无类似材料的 K_{1c} 值可供参考时，用 K_{1c} 估计值计算厚度 B 的方法无法实现。此时，可以根据材料的 σ_s/E 值由表 3-8 查出 B 的推荐值。由于表 3-8 适用于所有金属材料，所以，由该表查出的 B 值在大多数的情况下都显著大于 B_0。

因此，尽量不要用查表 3-8 的方法来确定 B 值。

表 3-8　　　　　　　　　　　　　　　　　推荐的试件厚度

σ_s/E	$0.0050\sim0.0057$	$0.0057\sim0.0062$	$0.0062\sim0.0065$	$0.0065\sim0.0068$	$0.0068\sim0.0071$
B(mm)	75	63	50	44	38
σ_s/E	$0.0071\sim0.0075$	$0.0075\sim0.0080$	$0.0080\sim0.0085$	$0.0085\sim0.0100$	0.0100 以上
B(mm)	32	25	20	12.5	6.5

4. 对试件裂纹制作的要求

由于线弹性断裂力学所研究的对象是尖锐裂纹，所以，测定 K_{1c} 值所用的试件的裂纹尖端必须是尖锐的。这种尖锐裂纹通常采用疲劳试验方法加以制作，而要预制疲劳裂纹必须预先加工一个切口。因此，试件的裂纹由机械加工切口和疲劳裂纹两部分组成。裂纹长度 a 就等于切口长度 a_0 和疲劳裂纹长度 a_f 之和。对于不同的试件，a 的计算起点不同，这一点已在前面加以说明。

为方便地制作出合格的裂纹，通常机械加工切口长度要比疲劳裂纹长度大。裂纹的结构如图 3-27 所示。

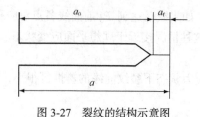

图 3-27　裂纹的结构示意图

机械加工切口分为直通形与山形两种。山形切口示意图如图 3-28 所示。

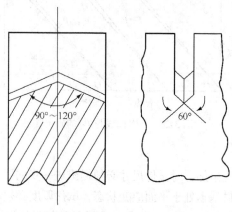

图 3-28　山形切口示意图

为保证顺利地预制出合格的疲劳裂纹，切口根部半径 ρ 应足够小。对于直通形的切口，通常要求 $\rho \leqslant 0.08\text{mm}$，可由线切割加工制作；对于山形切口，通常要求 $\rho \leqslant 0.25\text{mm}$，可以用专用的薄山形铣刀铣成。

为保证裂纹尖端足够尖锐，必须预制疲劳裂纹。疲劳裂纹的预制应满足如下要求。

① 为消除机械加工切口根部附近材料状态的变化对裂纹尖端附近材料性质的影响，疲劳裂纹必须有一定的长度。通常规定 $a_f \geqslant 5\%a$，同时 $a_f \geqslant 1.3\text{mm}$。

② 为防止在疲劳裂纹尖端形成过大的塑性区而使裂纹尖端钝化，必须对预制疲劳裂纹时所施加的交变载荷的最大值加以限制。通常规定，交变载荷最大值在裂纹尖端产生的应力强度因子 Kf_{max} 不得大于（$0.6 \sim 0.7$）K_{1c}，这一要求只在后一半疲劳裂纹的预制过程中得到满足即可。为了促使疲劳裂纹及早形成，开始时可以施加较大的荷载。值得注意的是，在按上述要求估算预制疲劳裂纹所加交变载荷的最大值时，不能采用选择 B 时所取的 K_{1c} 估算值，而要取一个偏低的 K_{1c} 估计值。

③ 通常取预制疲劳裂纹所加交变载荷的应力比为 $R \leqslant 0.1$。

根据①、②两项要求，可以按照下述方法估算预制后一半疲劳裂纹所用的交变载荷：选定此 K_{1c} 估算值，按照 $Kf_{max} = (0.6 \sim 0.7)K_{1c}$ 和 $a/W = 0.5$ 带入试件的 K_1 公式计算出对应的 P 值，即为所用交变载荷的最大值 Pf_{max}，而交变载荷的最小值为 $Pf_{min} \leqslant 0.1 Pf_{max}$。

3.20.4　实验实训步骤

1. 实验前的准备

① 试件外形尺寸的测量。对于三点弯曲试件和紧凑拉伸试件，在裂纹附近部位测量厚度 B 与宽度 W，在测量紧凑拉伸试件宽度时，应从切口外边缘到相对的试件侧面测量出 $1.25W$ 值，然

后换算出 W。对于 C 形拉伸试件，除测量 W、B 外，还要测量 x 和 L。并按如下公式进行计算。

$$\frac{r_1}{r_2} = \frac{L^2 - 4(W^2 - x^2)}{L^2 + 4(W + x)^2} \qquad (3\text{-}55)$$

② 安装实验夹具与试件。对于三点弯曲试件，要调整跨度 S，并使之等于 $4W$，并测量 S 值。

③ 安装夹式引伸仪，连接夹式引伸仪、载荷传感器与电阻应变仪之间以及电阻应变仪与 x–y 函数记录仪之间的导线。

④ 将设计试件厚度所用的 K_{1c} 估算值和 $a = 0.5W$ 代入试件的 K_1 公式计算出对应的 P 值，作为最大试验载荷 P_{max} 的估计值，用以选择适当的试验机载荷量程。

2. 预备性实验

由于断裂实验中，要求应力强度因子速率 $K = 100 \sim 500 \text{kg/mm}^{3/2}/\text{min}(31 \sim 155 \text{MPa} \cdot \text{m}^{1/2}/\text{min})$，所以，试验时间 T 要在（K_{1c} 估计值 K）范围之内；同时，记录出的 P–V 曲线的初始倾角大致应在 $40° \sim 65°$ 之间；而且，P_{max} 至少占记录宽度的一半。所以，在正式试验前，要预加 $P_{max}/4 \sim P_{max}/3$ 载荷，对加载速率和 x–y 函数记录仪应以调整。

调整完后，断开连接夹式引伸仪与电阻引伸仪之间的导线，在小于 $P_{max}/4$ 或 $P_{max}/3$ 的载荷范围内施加三级间隔大小相等的载荷，记录 x–y 函数记录仪的记录笔在每级载荷间隔下沿 y 轴方向所移动的格数，并取平均值，得到 y 值每一格所表示的载荷量，称为载荷标定系数。然后，恢复夹式引伸仪与电阻应变仪之间的连接。

3. 断裂实验

对试件连续均匀加载，直至试件完全断裂成两半。记录下完整的 P–V 曲线，并记录 P_{max} 值和达到 P_{max} 所经历的时间 T。

4. 裂纹长度的测量

取完全断后的半块试件，用显微镜在断口上测量裂纹的长度 a，应力强度因子公式中的 a 是对应着平直前缘裂纹的长度，而试件断口上显示的裂纹前缘是弯的。为了能利用前述应力强度因子公式计算试件的 K_{1c} 值，需要确定与试件的实际前缘裂纹相等效的平直前缘裂纹的长度 a。此处，等效的含义是具有实际前缘裂纹的试件与某一平直前缘裂纹的试件有相同的柔度。在裂纹前缘曲率较小时，由柔度等效可以导出如下的等效平直前缘裂纹长度为

$$a = 1/3(a_2 + a_3 + a_4)$$

式中，a_2、a_3、a_4 分别为沿厚度方向 $B/4$，$B/2$，$3B/4$ 处的切口长度 a_0 与疲劳裂纹长度 a_f 之和。而小曲率要求的指标为：第一，两个侧面上的裂纹长度 a_1 和 a_5 都必须大于 $90\%a$；第二，a_2、a_3、a_4 中任意二者之差小于 $5\%a$。

测量长度 a 的过程是：从断口上量出 a_1、a_2、a_3、a_4、a_5，取 $a = 1/3(a_2 + a_3 + a_4)$，同时检验上述两个条件是否成立。值得注意的是，在测量三点弯曲试件的 a 值时，应从切口外边缘量起，所得值即为 a。为保证利用 a 值计算 K_{1c} 的准确性，要求疲劳裂纹的裂纹面偏离切口中心面的角度不大于 $10°$。这一点在测量 a 值前加以检验，如果得不到满足，则实验无效，无需再测量其裂纹长度。

3.20.5　实验实训结果处理

由于实验得到的断裂韧度要经过有效性检验后才能是材料的 K_{1c} 值。因此，在处理实验结果时，临界载荷与断裂韧度分别用条件临界载荷 P_Q 和条件断裂韧度 K_Q 表示。

实验可能出现图 3-26 所示的三种类型的 P–V 曲线。

按照下列规定确定 P_Q 值。

① 过原点 O 引 P-V 曲线初始直线段的延线 OA。

② 过原点 O 做割线,使其斜率比直线 OA 的斜率低 5%,割线与 P-V 曲线的交点所对应的载荷为 P_5,它可以由交点所对应的 Y 轴格数乘以载荷标定系数得到。

③ 当 P_5 以前 P-V 曲线上任意点的载荷均低于 P_Q 时,取 P_Q=P_5,若 P_5 以前的 P-V 曲线所对应的最大载荷超过或等于 P_5 时,则取这一最大载荷为 P_Q。

除此之外,还应记录断口形貌,从断口上测量两侧表面附近斜断口的总宽度,并将其除以 B,得到斜断口所占的比例。这个比例可以作为判断试件是否较好地满足平面应变要求的另一个参考依据,斜断口所占比例越小,平面应变条件满足得越好。

3.21 实验实训二十一 光弹性的演示实验

3.21.1 实验实训目的

通过梁弯曲(简支梁以及纯弯曲梁)应力集中和裂纹尖端应力分布等情况的条文图案的演示,进一步观察光弹性现象并了解其基本原理。

3.21.2 实验实训设备

要进行该实验,选择以下设备之一即可。

(1)可以利用电化教学设备进行演示,如用光弹性录相磁带等。

(2)光弹示范性投影仪,此仪器由一般教学投影仪(见图 3-29)和偏振光及加力设备(见图 3-30)两部分组成,用以演示等倾线的变化等。使用时,将偏振光系统、加力架及试件放在投影仪上,调整投影镜头就可以在屏幕上显示出光弹性条纹图。

图 3-29 一般教学投影仪　　　　　　　　图 3-30 偏振光系统和加力架

(3)漫射式光弹仪,备有光源、偏振片和 $1/4\lambda$ 片,使用时可以直接观测或用照相机拍摄相片,如图 3-31 所示。

（4）投影式光弹仪，如图 3-32 所示。

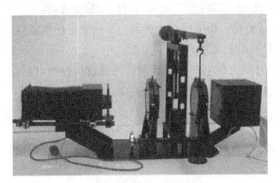

图 3-31　漫射式光弹仪

图 3-32　投影式光弹仪

以上任意一种设备均可用于光弹性的示范教学。

3.21.3　实验实训原理与装置

光弹性法是使用透明模型在偏振光场下进行应力分析的一种方法。首先，根据实际构件按照相似条件制成几何相似的模型，进而模拟构件的受力状态和约束情况为模型加载。模型材料的种类很多，常用环氧树脂或聚碳酸酯。把受力模型放在偏振光场中，模型将产生光学双折射现象，再经过检偏镜观察受力后的模型，可以看到明暗相间的条纹，这种条纹分布称为条纹图（又称为应力光图）。记录下条纹图，根据它可以计算出模型中的应力。再根据相似理论就可以计算出实际构件中的应力。

简单构件在拉伸、压缩、弯曲和扭转变形下，其应力分布通常与材料的力学常数 E、μ 无关。因此，可以用塑料模型来代替真实构件，并按照相似条件计算出实际构件中的应力。

随着新技术的发展，测量应力和位移的光学方法包括了许多新的领域，如激光全息干涉法、散斑干涉计量法和云纹法等。在进行二维、三维应力分析时，光弹性法仍然是一种比较成熟的方法。

光弹性法的实验设备如图 3-32 所示，其基本光路如图 3-33 所示。

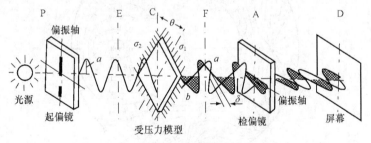

图 3-33　平面偏振光场

P 为起偏镜，光源（有单色光及白光）发出的光波通过起偏镜后只有沿偏振轴方向振动的光波才能通过，在起偏镜和受力模型之间形成平面偏振光场，最后放置了检偏镜，它和 P 镜一样，都是用偏振片制成，这种光学系统称为平面偏振场。当两个偏振片的偏振轴互相垂直时，光波被检偏镜阻挡，此种情况则称为平面偏振场的暗场；如果两个偏振片的偏振轴互相平行时，光波则通过检偏镜，此种情况则称为平面偏振场的明场。对于平面偏振场，实验时主要采用暗场。如果在起偏镜的后面和检偏镜的前面各加上一块四分之一波片（即使偏振光产生 $\lambda/4$ 的光程差的光波片），并且将 $\lambda/4$ 片的快慢调整到与偏振片的偏振轴成45°的位置，就可以得到圆偏振光场。

利用投影系统，将条纹投影到屏幕上，即可进行测量。如果用白光光源，看到的是彩色条纹，所以这种条纹称为等色线；如果用单色光源，则可以观察到明暗相间的条纹。

在平面偏振光场的暗场中，单色平面偏振光通过受力模型产生双折射，再通过检偏镜以后发生光干涉现象。描述干涉后的光强 I，根据光的波动理论可以导出其表达式为

$$I = K a^2 (\sin 2\theta)^2 (\sin \frac{\pi\delta}{\lambda})^2 \tag{3-56}$$

式中，K 为常数；a 为平面偏振光的振幅；θ 为偏振轴与主应力方向之间的夹角；λ 为光的波长。如将式 $\delta = ct(\sigma_1 - \sigma_2)$ 代入式（3-56）得到

$$I = K a^2 (\sin 2\theta)^2 \left[\sin \frac{\pi ct(\sigma_1 - \sigma_2)}{\lambda} \right]^2 \tag{3-57}$$

从式（3-47）可以看出，光强与主应力方向角 θ 及主应力差有关，并且可以看出光强 I 为零（消光现象）的可能性有以下两个，分别讨论如下。

（1）若 $\sin 2\theta = 0$，则 $I = 0$，此条件相当于 $2\theta = 0°$ 或 $180°$，或 $\theta = 0°$ 或 $90°$。

此种情况表明凡是模型上某点的主应力方向与偏振轴重合时则消光，则该点在屏幕上呈现暗点，则将构成一条黑线，此线称为等倾线，其上各点的主应力方向均相同，而且与偏振轴方向一致。

当起偏镜与检偏镜同步转动时（使二者偏振轴始终保持互相垂直），此时可以观察到等倾线也在移动，因为每转动一个新的角度，模型内另外一些主应力方向与偏振轴相重合的点便构成与之对应的新的等倾线。当偏振镜从 0° 同步转到 90°，模型内所有点的主应力方向均可显现出来，从而得到一系列不同方向的等倾线，因此，模型内任意点的主应力方向用此方法可以测取，一般的记录方法是每转动 10° 或 15° 描绘一条等倾线，图3-34 为对径受压圆环每隔 10° 描绘的等倾线。

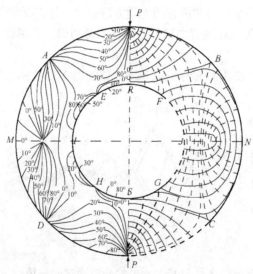

图 3-34　圆环对径受压的等倾线

（2）若 $\sin \frac{\pi ct(\sigma_1 - \sigma_2)}{\lambda} = 0$，则 $I = 0$，此条件相当于

$$\frac{\pi ct(\sigma_1 - \sigma_2)}{\lambda} = n\pi \, (n=0,1,2\cdots) \tag{3-58}$$

或　　$\sigma_1 - \sigma_2 = n\dfrac{\lambda}{ct}$

设 $f_\sigma = \dfrac{\lambda}{c}$，$f_\sigma$ 称为材料条纹值，则上式写为

$$\sigma_1 - \sigma_2 = \dfrac{nf_\sigma}{t} \qquad\qquad (3\text{-}59)$$

式（3-59）为光弹性的基本方程式，称为光-应力关系式。它表明模型上某点的主应力差 f_σ/t 的 n 倍时（$n=0$，1，2…）即消光，此点在屏幕上的像呈暗点。因为物体受力后，其应力变化是连续的，主应力差也一定是连续变化，所以主应力差为 f_σ/t 的整数倍的各个暗点将构成连续的暗线，此线称为等差线或等色线。等差线将按照一定的顺序排列，对应于 $n=0$ 的线称为 0 级等差线，$n=1$ 的线称为 Ⅰ 级等差线，其余类推。图 3-35 为纯弯曲梁的等差线条纹图。

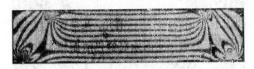

图 3-35　纯弯曲梁的等差线

由式（3-57）可知，在正交平面偏振光场内等倾线与等差线是并存的，图 3-36 为圆环承受对径压力时在正交平面偏振场中等差线与等倾线并存的情形。

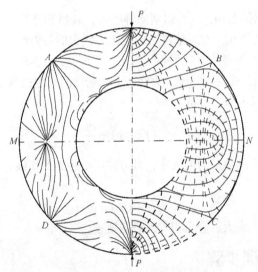

图 3-36　对径受压圆环在正交平面偏振场的等差线与等倾线

为了消除两种条纹并存现象，在光场中各加入了一块四分之一波片，同时使它们的快慢轴分别与偏振轴成 45°，并且这两块四分之一波片的快慢轴相互垂直。这种布置称为正交圆偏振场（暗场）。图 3-37 为圆环对径受压时在正交圆偏振光场中的等差线。

在平面的应力状态下，一点有三个应力分量，即 σ_x、σ_y、τ_{xy}，而光弹性方法只能测得两组数据，即主应力方向及主应力差。如欲求主应力大小或三个应力分量，必须辅以其他方法。例如，利用平衡方程式进行差分计算，或用测取侧向应变的方法，或用全息法测取主应力和等。

从以上的论述中可以得出以下结论。

① 在正交平面偏振场下采用白光，对模型施加适量载荷，使等差线不是很明显。然后同步

转动起偏镜和检偏镜（始终保持两偏振片的偏振轴互相垂直），此时等倾线将随着偏振镜的转动而变动，因此，可以记录不同角度下的等倾线。

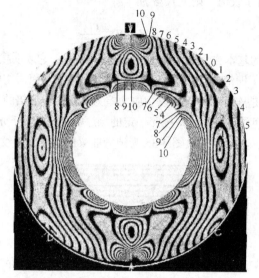

图 3-37　圆环对径受压时在正交圆偏振光场中的等差线

② 加入 $\lambda/4$ 片造成圆偏振场，就可以消除等倾线，只剩下等差线。

③ 首先寻找出零级次条纹，然后依次可以读出各级次的等差线。在两个整级次之间可以用平行圆偏振场得到半级次的等差线。有了条纹级次，即可按式（3-59）计算主应力差值。

④ 根据材料力学可知，在处于二维应力状态下的物体的自由边界上（不受外力的边界），必有一个主应力为零。从式（3-59）可得

$$\sigma_1（或 \sigma_2）=\frac{nf\sigma}{t} \tag{3-60}$$

由此可以计算出边界上的主应力的大小，其方向必沿边界的切线方向。

⑤由材料力学可知：

$$\tau_{max}=1/2（\sigma_1-\sigma_2）$$

所以等差线条纹也代表最大剪应力相等各点的轨迹。

3.21.4　实验实训步骤

（1）认识设备、光源、起偏镜、$\lambda/4$ 片、模型、检偏镜、投影光学元件等。

（2）介绍模型的受力状态。

（3）在正交平面偏振场下，给模型施加适量载荷，使等差线不十分明显，演示等倾线。观察者从检偏镜视向起偏镜，同步反时针转动偏振镜观察等倾线的变化。

（4）加入 $\lambda/4$ 片，消除等倾线。调整载荷，用白光和单色光观察等差线。

（5）用光弹性数据并不能直接分解出三个应力分量，因此还要借助其他方法，如可利用剪应力差法等计算出应力分量。

第4章
数据处理和误差分析

4.1 统计分析的相关概念

4.1.1 偶然因素与随机变量

在材料力学的实验中，需要对各种物理量进行测量，如试件的直径、材料的强度极限、断裂韧度、疲劳寿命（疲劳破坏时的应力循环数）等。由于测量的方法和设备仪器等不十分完善，试件尺寸、材料和工艺的不绝对等同，实验环境的偶然变迁等因素的影响，名义上完全相同的一批试件，其实验结果总会存在一定的差异。另一方面，即使取一个试件，用同一种测量工具反复测量，每次的测量结果也不尽相同。上述这些差异即称为"分散性"。

如上所述，引起实验结果分散性的因素（当然也包括某些未知的因素在内）统称为"偶然因素"。被测量的某一参量取什么数值，只有待实验做完，才能知道它的大小。其大小受到偶然因素的影响。这种随偶然因素而改变的量称为"随机变量"。随机变量取得什么数值，虽然事先无法知道，但它是遵循一定的变化规律的。实验中所采用的统计分析，就是根据随机变量所取得的数值，通过数学方法从中寻找其变化规律。

4.1.2 母体、个体和子样

"母体"也称作"总体"，它指的是研究对象的主体。而"个体"指的是母体中的一个基本单元。如在同一条件下，要测定一大批型号相同的螺栓的直径，那么，所有这批螺栓的直径就构成一个母体，而其中每一个螺栓的直径则为一个个体。

母体由个体组成，因此母体的性质通过个体表现出来。所以，要想知道母体的性质，就必须对个体有所了解。但若对母体中全部个体都加以研究，通常会遇到两种主要困难。首先，在一般情况下，母体包含的个体数目众多，甚至趋近于无限多，因此，不可能对所有的个体一一加以研究。其次，也有一些情况，需要进行的实验的测定是具有破坏性质的，即材料经过实验后已无法正常使用。显然，不能把所有的材料都进行这种破坏性的实验。

鉴于以上两种原因，为了推测母体的性质，常从母体中抽取一部分个体来研究。这些被抽取的部分个体称作"子样"或"样本"。子样所包含的个体数目称为"子样大小"或"样本容量"。

一组观测数据相当于一个子样，如子样大小为10，则表示该子样包含10个观测数据。

4.1.3 真值与平均值、中值

一个物理量的真值是未知的，由于测量仪器、方法、环境、人为等因素，真值往往无法测得。为获得最佳的测量值，根据"无限多次测量中正、负误差出现概率相等"这一原则，认为多次测量时正负误差正好抵消，故对多次测量值加以平均，即可获得近似真值。常用的平均值有算术平均值、均方根平均值、加权平均值、中位值、几何平均值等。其定义如下。

1. 算术平均值

$$\bar{x} = \frac{1}{n}(x_1 + x_2 + \cdots x_n)$$

或

$$\bar{x} = \frac{1}{n}\sum_{i=1}^{n} x_i \tag{4-1}$$

显然子样平均值反映了数据的平均性质。各个观测数据可以看作是环绕着它而分布的，因此子样平均值表示数据的集中位值。当由子样推断母体性质时，母体平均值总是以子样平均值来估计的。子样大小 n 越大，子样平均值就越接近母体平均值。

2. 加权平均值

有时会遇到这样的情况，如表 4-1 所示的 20 个数据中，有些数据的大小相同，当计算它们的平均值时，可以采用以下方法。

表 4-1　　　　　　　　　统计数据记录表

3.1	3.1	3.1	5.7	5.7	5.7	5.7	5.7	6.3	6.9
6.9	6.9	6.9	6.9	6.9	6.9	8.2	8.2	8.2	8.2

$$\bar{x} = \frac{3\times3.1+5\times5.7+1\times6.3+7\times6.9+4\times8.2}{20} = 6.26$$

如果以 x_1, x_2, $\cdots$, x_m 表示观测值的大小，v_1, v_2, $\cdots$, v_m 表示各不相同的观测值的个数，则写成一般公式，有

$$\bar{x} = \frac{v_1 x_1 + v_2 x_2 + \cdots + v_m x_m}{n}$$
$$= \frac{1}{n}\sum_{i=1}^{m} x_i v_i \tag{4-2}$$

式中，每个观测值 x_i 乘上的倍数 v_i 称为"权"，$\bar{x}$ 就是以观测值个数为权的"加权平均值"。总之，凡是用式（4-2）形式表示的平均值，都叫做"加权平均值"。

3. 中值

子样"中值"（中位数）也是代表数据的集中位置的。它指的是，一组 n 个数据按大小次序排列居于中间的一个数值。当 n 为奇数时，居于正中间的只有一个数，就是中值。当 n 为偶数时，居于正中间的数有两个，此时，中值等于这两个数的平均数。

4. 均方根平均值

$$\bar{x} = \frac{1}{\sqrt{n}}\sqrt{x_1^2 + x_2^2 + \cdots x_n^2} = \sqrt{\frac{1}{n}\sum_{i=1}^{n} x_i^2} \tag{4-3}$$

5. 几何平均值

$\bar{x} = \sqrt[n]{x_1 x_2 \cdots x_n}$，两边取对数，得

$$\lg \overline{x} = \frac{1}{n}(\lg(x_1 x_2 \cdots x_n)) = \frac{1}{n}\sum_{i=1}^{n}\lg x_i \qquad (4\text{-}4)$$

4.1.4 标准差与方差

标准差是标准偏差或标准离差的简称，它是表示观测数据分散性的一个特征值。在介绍标准差和方差之前，首先说明一下什么是偏差。

如取 n 个观测值 x_1，x_2，$\cdots$，x_n，取平均值为 $\overline{x}$，每个观测值 x_i 与平均值 $\overline{x}$ 之差称为偏差，以符号 d_i 表示之。

$$d_i = x_i - \overline{x} \quad (i=1,\ 2,\ \cdots,\ n)$$

偏差代表各观测值偏离平均值的大小。显然，各个偏差的绝对值越大，数据也就越分散。利用式（4-1）可以证明，所有偏差的总和等于零。

$$\sum_{i=1}^{n} d_i = \sum_{i=1}^{n}(x_i - \overline{x}) = \sum_{i=1}^{n} x_i - n\overline{x} = \sum_{i=1}^{n} x_i - \sum_{i=1}^{n} x_i$$

则
$$\sum_{i=1}^{n} d_i = 0 \qquad (4\text{-}5)$$

可见，这 n 个偏差中只有（n-1）个是独立的，即在 n 个偏差中有（n-1）个确定之后，另一个可由式（4-5）的条件给出。因此，就说对于 n 个偏差，有（n-1）个"自由度"。

根据数理统计学的研究结果，最好用"子样方差 s^2"作为数据分散性的度量。子样方差的定义为

$$s^2 = \frac{1}{n-1}\sum_{i=1}^{n} d_i^2$$

式中，n 是观测者的个数，n-1 是自由度。将 $d_i = x_i - \overline{x}$ 代入上式，则得到子样方差的一般表达式：

$$s^2 = \frac{1}{n-1}\sum_{i=1}^{n}(x_i - \overline{x})^2 \qquad (4\text{-}6)$$

子样方差 s^2 的平均根 s 叫做"子样标准差"，即

$$s = \sqrt{\frac{\sum_{i=1}^{n}(x_i - \overline{x})^2}{n-1}} \qquad (4\text{-}7)$$

在数理统计中，常用子样标准差作为分散性的指标。s 愈大，表示数据愈分散；s 愈小，分散性就愈小。当由子样推断母体性质时，母体标准差总是用子样标准差来估计的。子样大小 n 越大，子样标准差就越接近母体标准差。

为了便于计算，利用式（4-1）将偏差的平方和作以下变换。

$$\sum_{i=1}^{n}(x_i - \overline{x})^2 = (x_1 - \overline{x})^2 + (x_2 - \overline{x})^2 + \cdots + (x_n - \overline{x})^2$$

$$= (x_1^2 + x_2^2 + \cdots + x_n^2) - 2\overline{x}(x_1 + x_2 + \cdots + x_n) + n\overline{x}^2$$

$$= (x_1^2 + x_2^2 + \cdots + x_n^2) - \frac{1}{n}(x_1 + x_2 + \cdots + x_n)^2$$

$$\therefore \qquad \sum_{i=1}^{n}(x_i - \overline{x})^2 = \sum_{i=1}^{n} x_i^2 - \frac{1}{n}\left(\sum_{i=1}^{n} x_i\right)^2 \qquad (4\text{-}8)$$

将式（4-8）代入式（4-6），则得到方差的常用公式：

$$s^2 = \frac{\sum\limits_{i=1}^{n} x_i^2 - \frac{1}{n}\left(\sum\limits_{i=1}^{n} x_i\right)^2}{n-1} \tag{4-9}$$

式中 $\sum\limits_{i=1}^{n} x_i^2$ 是观测值的"平方和"；$\left(\sum\limits_{i=1}^{n} x_i\right)^2$ 是观测值的"和平方"。

4.1.5 正态频率函数

根据统计理论可知，当观测次数 n 无限增加时，则频率与概率接近一致。于是在频率曲线下所包围的面积即表示概率，如图 4-1 所示，a、b 和曲线之间所包围的阴影面积，就表示随机变量在 a、b 之间出现的概率。此种频率曲线是一种理论上的推论，所以通常把它叫做"理论频率曲线"或"概率密度曲线"，其中 P 表示阴影区域的面积。

既然理论频率曲线是由无限多个个体形成的，因此，它代表无限大母体的特性。

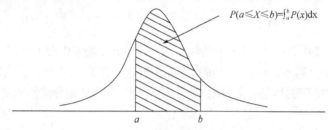

图 4-1　概率密度曲线

实际上，虽然观测次数是有限的，但只要有包含大量个体的母体存在，那么无论我们是否一一观测，代表母体性质的理论频率曲线总是客观存在的。

统计理论指出，最适宜表达随机变量分布规律的曲线是"正态频率曲线"，即"高斯曲线"，也称作"正态概率密度曲线"。设 x 为随机变量的取值，则正态频率函数为

$$f(x) = \frac{1}{\sqrt{2\pi}\sigma} e^{-\frac{(x-\mu)^2}{2\sigma^2}}$$

式中，e 是自然对数的底，e=2.718；μ 是母体平均值；σ 是母体标准差。当 μ 和 σ 已知时，函数 $f(x)$ 也就随之确定了。

按照这个函数绘出的正态频率曲线表示在图 4-2 中。该曲线的纵坐标恒为正值。该曲线两端延伸至无限远处，并以横坐标轴为渐近线。曲线与横坐标轴所包围的面积等于 1。曲线在母体平均值 μ 处存在一个高峰，并以通过 μ 的垂直线为对称轴。对于偏离平均值 μ 较远的点，其纵坐标很小，在曲线下围

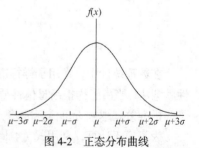

图 4-2　正态分布曲线

成的面积也很小。因为随机变量的概率是用这块面积表示的，所以随机变量发生的概率是很小的。但是，在母体平均值附近的取值，则发生的概率很大。值得注意的是，对连续性的随机变量，随机变量 ξ 取得某一确定数值 x 的概率实则是零，$P(\zeta = x) = 0$。因此，只能说随机变量 ξ 发生在区间 $(x, x+dx)$ 内的概率为 $f(x)d(x)$，即

$$P(x < \xi < x+dx) = f(x)dx \tag{4-10}$$

母体平均值 k 确定了曲线的位置，μ 值越大，曲线离纵坐标轴越远。母体标准差 σ 的数值越大，所绘出的曲线外形越扁平，表明分散性越大，如图 4-3 所示。反之，其数值越小，曲线越狭

窄，表明分散性越小。

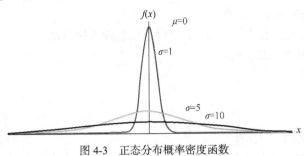

图 4-3　正态分布概率密度函数

4.1.6　直线拟合

在进行数据处理时，常常需要用直线段拟合各数据点。由于各数据点不完全位于一条直线上，所以也就不可能找出一条直线通过所有数据点。如果用直尺凭视觉大致地拟合各数据点，那么就可能画出很多的直线，然而其中哪一条是最合宜的直线则无法判断。"最小二乘法"提供了寻求这条最合宜的直线的方法。

在应用最小二乘法时，首先要区分何者为自变量，何者为因变量。例如，当测定 $\sigma - \varepsilon$ 曲线时，应力 σ 是预先指定的；应变是实测的结果。因此，应将 σ 作为自变量，ε 作为因变量。拟合各数据点的直线方程用下式表示：

$$X = a + by \tag{4-11}$$

式中，a 和 b 是待定常数。知道了常数 a、b 后，即可根据式（4-11）绘出直线。应该指出，用上述方法拟合直线，只有当两个变量之间存在某种线性关系时才有意义。

4.2　误差的分类

根据误差性质及产生原因，误差可以分为三大类：系统误差、偶然误差和过失误差。

4.2.1　系统误差

当我们使用测量工具对某一物理量进行测量时，被测定物理量客观存在的真实值称为"真值"。对任何物理量的测量都不可避免地有误差存在。例如，同一电阻应变仪反复测量受力物体某一点的应变时，每次测量的结果各不相同，并且各观测值和真值之间都有一定的差异。若以 x 表示各观测值，T 表示真值，则"测量误差" Δ 为

$$\Delta = x - T \tag{4-12}$$

由于误差的存在，任何观测值只不过是被测量的物理量真值的近似值。真值一般是不知道的，但真值具有理论意义，利用真值这一理论概念，可进行误差分析。

测量误差按其来源包括有两类：第一类是"系统误差"。它是由某些确定因素所引起的，如试验机机构之间的摩擦，载荷偏心，试验机测力系统未经校准以及试验条件改变等。系统误差的出现会使观测值带有倾向性，不是都偏大，就是都偏小。在同一实验条件下[②]，系统误差愈小，表明测量的"准确度"愈高，也就是接近真值的程度愈好。在试验过程中，如发现这类系统误差存在，应

---

② 有时为了研究某种因素的影响、人们有意识地改变试验条件，如温度、工艺方法等，根据观测数据中是否有系统误差存在，来判断该种因素是否起作用。

设法把它排除。将系统误差控制在一定限度内是必要的，也是可能的。为排除系统误差，对试验机和应变仪等应该随时进行校准和检验。

系统误差是指在测量过程中，数值变化规律已确切知道的误差。

系统误差的主要来源有以下几种。

（1）工具误差。

（2）装置误差。

（3）人身误差。

（4）外界误差（又称环境误差）。

（5）方法误差（又称理论误差），它是由于测量方法本身所依据的理论不完善所带来的误差，如测量高梁的正应力，用单应力公式 $\sigma = E\varepsilon$ 计算，就会产生误差，这是因为忽略了切应力影响而造成的理论误差。

4.2.2　偶然误差

偶然误差是由一些偶然因素所引起的。偶然误差的出现常常包含很多未知因素在内。无论怎样控制实验条件的一致，也不可能避免偶然误差的存在。对同一试件尺寸多次测量的结果的分散性即起源于偶然误差。偶然误差小，表明测量的"精密度"高，也就是，数据"再现性"好。

从表面上看，对偶然误差的分析似乎无据可循，实际上它们是服从统计规律的。因此，可用概率统计分析方法处理。对于偶然误差的统计分析是在假定没有系统误差的前提下进行的。这样式（4-12）中的 Δ 将仅代表偶然误差。实践证明，在反复多次的观测中，偶然误差具有以下特征。

（1）绝对值相等的正误差和负误差出现的机会大体相同。

（2）绝对值小的误差出现的机会大，而绝对值大的误差出现的机会小。

（3）由于正负误差的互相抵消，随着观测次数的增加，偶然误差的平均值趋向于零。

（4）偶然误差的绝对值不超过某一限度。

根据以上特性，可以假定偶然误差 Δ 遵循母体平均值为零的正态分布，如图4-4所示。

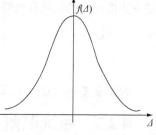

图4-4　偶然误差的正态频率曲线

$$f(\Delta) = \frac{1}{\sigma\sqrt{2\pi}} e^{-\frac{\Delta^2}{2\sigma^2}}$$ （4-13）

根据统计理论并利用式（4-12），可得观测值 x 的正态频率函数。由此可知，真值 T 即观测值 x 的母体平均值 μ。测量的精密度以母体标准差 σ 表示。当在同一条件下对同一对象反复进行测量时，在消除了系统误差的影响后，每次测量的结果还会出现差异，这样的误差称为偶然误差，又称为随机误差。

偶然误差的特点是大、小、正、负、方向不一定。其产生的原因是多方面的，是无法控制的。但是用同一台仪器，在同样的条件下，对同一物理量做多次测量，若测量的次数足够多，可以发现偶然误差完全服从统计性的规律，出现误差的正负和大小完全由概率来决定。当测量的次数无限增大时，偶然误差的算术平均数将趋近于零。因此，多次测量结果的算术平均值将接近真值。

4.2.3　过失误差

一种显然与事实不符的误差，产生的原因主要是粗心、过度疲劳、操作不正确等。此类误差无规律可寻，可根据经验、理论及时判断数据结果的合理性以便尽早制止过失误差。

4.2.4　相对误差的估计

在材料力学实验中，一般习惯于使用相对误差（百分数）。因为真值 T 是观测值的母体平均值，所以可将观测值的子样平均值 $\bar{x}$ 作为真值 T 的估计量。其绝对误差为

$$\Delta = \bar{x} - T \qquad\qquad (4\text{-}14)$$

相对误差为

$$\delta = \frac{\Delta}{T} = \frac{\bar{x} - T}{T} \times 100\% \qquad\qquad (4\text{-}15)$$

在验证理论的实验中，常取理论值为真值，T 由理论公式计算求得。对于实验设备或仪器的相对误差，可以近似地取标准量具的示值作为真值。

4.2.5　准确度、精密度和精确度

1．准确度

即衡量系统误差的程度。在一组测量中，如果系统误差很小，则可说测量结果是相当准确的。测量（或加工制造，或计算）的准确度是由系统误差来表征和描述的，系统误差越小，则表示测量的准确度越高。

2．精密度

即衡量偶然误差的程度。在一组测量中，如果数据比较稳定，分散性小，则称测量结果是精密的。测量的精密度是由偶然误差来表征和描述的，偶然误差越小，则表示测量的精密度越高，从而表明测量的重复性就越好。

3．精确度

即衡量系统误差与偶然误差的综合指标。在测量中，如果系统误差小，偶然误差也小，则这组测量的准确度和精密度都好。这时，称这组测量的精确度高。精确度是由系统误差和偶然误差共同来表征和描述的。

在实际测量中，往往准确度高的，精密度不一定好；而精密度高的，准确度也不一定好；但也可能准确度、精密度两者都好，也即精确度高。

4.3　测定量误差的表示法

4.3.1　误差的分布规律

偶然误差具有随机性，其特点有以下 4 个。

（1）绝对值相等的正误差和负误差，其出现的概率相同。

（2）绝对值小的误差出现的概率大，而绝对值大的误差出现的概率小。

（3）绝对值很大的误差出现的概率趋近于零，也就是误差值有一定的实际极限。

（4）当测量次数 $n \to \infty$ 时，误差的算术平均值趋于零。

大量测量数据的分析证明，偶然误差服从正态分布，即

$$\bar{T} = f(x^2) = \frac{1}{\sigma\sqrt{2\pi}} \mathrm{e}^{-\frac{x^2}{2\sigma^2}} = \frac{1}{\sigma\sqrt{2\pi}} \exp\left[-\frac{x^2}{2\sigma^2}\right] \qquad\qquad (4\text{-}16)$$

式中，x 为实测值与真值之差；σ 为标准误差；函数 $f(x^2)$ 称为误差函数，是高斯于 1975 年发现

的函数形式，称为高斯误差分布规律。式（4-16）可写为

$$\overline{T} = \frac{h}{\sqrt{\pi}} \exp[-h^2 x^2]$$ （4-17）

式中，h 为精密度指数，$h = \frac{1}{\sqrt{2}\sigma}$。

h 的物理意义是：材料误差 σ 的数值越大，则精密度指数 h 越小，一组测量的数据越分散；反之，σ 越小，则 h 大，数据越集中。

4.3.2 误差的表示方法

1. 范围误差

一组测量中的最高值与最低值之差。

2. 绝对误差

误差的绝对值，即 $\Delta = |$ 测量值 $-$ 真值 $|$

3. 相对误差

绝对误差在测量中所占的比例为

$E = $（绝对误差/真值的绝对值）$\times 100\% \approx$（绝对误差/测量值的绝对值）$\times 100\%$

4. 算术平均误差

它是表示误差的较好方法，其表达式为

$$\delta = \frac{1}{n} \sum_{i=1}^{n} |x_i - \overline{x}|$$ （4-18）

式中，δ 为算术平均误差；x_i 为第 i 个观测值；$\overline{x}$ 为 n 个观测值的算术平均值；$x_i - \overline{x}$ 为偏差。由于偏差有正有负，故应取偏差的绝对值进行平均误差计算。

算术平均误差的缺点是无法表示出各次观测值之间彼此符合的程度。若有两组测量值，尽管它们计算的算术平均误差相等，但它们的偏差 $d_i = x_i - \overline{x}$ 可以不一样，即一组的偏差 d_i 比较接近，而另一组的偏差 d_i 则比较分散。

5. 标准误差（均方根误差）

表达式

$$\sigma = \sqrt{\sum_{i=1}^{n} \Delta_i^2 \frac{1}{n}} = \sqrt{\sum_{i=1}^{n} (x_i - \overline{x})^2 \frac{1}{n}} \qquad (n \to \infty)$$ （4-19）

注意：此处偏差为 $\Delta_i = x_i - \overline{x}$，从本质上讲 Δ_i 应为测量值与真值之差，即 $\Delta_i = x_i - T$，而事实上，真值 T 是未知的，只有当测量次数 n 趋于无穷时，平均值才趋近于真值，即 $\overline{x} \cong T$。

在测量次数不多时，即 n 不大时，由于偏差之和为 $0 \left[\Delta_i = \sum_{i=1}^{n} (x_i - \overline{x})^2 = 0 \right]$，则此时 $n-1$ 个偏差 Δ_i 独立，故标准误差可以表示为

$$\sigma = \sqrt{\sum_{i=1}^{n} (x_i - \overline{x})^2 \frac{1}{n-1}}$$ （4-20）

标准误差 σ 是各观测值 x_i 的函数，而且对一组测量中的 x_i 的大小比较敏感，所以它是表示精度的一个较好的指标，在误差理论的研究中已被广泛的运用。

6. 或然误差（概率误差）

用符号 γ 表示，即在一组测量中，任意选出一个测量值，其误差介于 $-\gamma$ 与 $+\gamma$ 之间的概率为

50%，表示为

$$P = \frac{1}{\sqrt{2\pi}\sigma} \int_{-\gamma}^{+\gamma} \exp\left[-\frac{(x-\mu)^2}{2\sigma^2}\right] dx = 0.5$$

从上式可以求出，或然误差和均方根误差之间的关系为

$$\gamma = 0.6745\,\sigma$$

同理可证，对于服从正态分布的误差，其误差在 $\pm 2\sigma$ 上的概率为 0.9544，$\pm 3\sigma$ 上的概率为 0.9973。

7. 极限误差（最大误差）

超过此值视为过失误差，用 Δ 表示。一般定义 Δ 为

$$\Delta = 3\sigma \tag{4-21}$$

4.3.3　应用举例

1. 合理误差范围的选取

一般选择 3σ 作为合理的误差范围，即极限误差，表示为

$$P = \frac{1}{\sqrt{2\pi}\sigma} \int_{-3\sigma}^{+3\sigma} \exp\left[-\frac{(x-\mu)^2}{2\sigma^2}\right] dx = 0.9973$$

说明误差小于或等于 3σ 的概率为 99.73%，而大于 3σ 的概率仅为 0.27%。

2. 可疑观测值的取舍

假设某测定参数服从正态分布，经过实验得到一组观测值，按照由小到大排列为 x_1，x_2，$\cdots$，x_n，并求得子样平均值和标准值如下：

$$\bar{x} = \frac{1}{n}\sum_{i=1}^{n} x_i, \quad \sigma = \sqrt{\sum_{i=1}^{n}(x_i - \bar{x})^2 \frac{1}{n-1}}$$

若怀疑 x_i 和 x_n 为可疑值，则计算绝对值 $|x_i - \bar{x}|$ 和 $|x_n - \bar{x}|$，如果 $|x_i - \bar{x}|$ 和 $|x_n - \bar{x}| \geq 3\sigma$，则可以舍去 x_i 和 x_n。

例 1　已知测量数据为：-1.40，-0.44，-0.30，-0.24，-0.22，-0.13，-0.05，0.06，0.10，0.18，0.20，0.39，0.48，0.63，1.01。试判断 $x_1 = -1.40$ 及 $x_{15} = 1.01$ 是否为异常数据？

解　（1）计算平均值和标准差

$$\bar{x} = \frac{1}{15}\sum_{i=1}^{15} x_i = 0.018, \quad \sigma = \sqrt{\sum_{i=1}^{15}(x_i - 0.018)^2 \frac{1}{15-1}} = 0.551, \quad 3\sigma = 1.653$$

（2）判断

$$|x_1 - \bar{x}| = |-1.40 - 0.018| = 1.418, \quad |x_{15} - \bar{x}| = |1.10 - 0.018| = 0.992$$

由于 1.418 和 0.992 均小于 3σ，故 x_1 和 x_{15} 均不是异常数据，不能舍去。

3. 两次实验结果的比较

应用极限误差的概念（如 3σ），检验两次实验结果是否符合。

设对某一物理量进行了两次实验，得到两组数据（μ_1，σ_1）和（μ_2，σ_2），其中 μ 和 σ 分别表示平均值和标准差，于是在某物理量服从正态分布条件下，平均值之差为

$$D = \mu_2 - \mu_1 \tag{4-22}$$

合成的标准差 σ 为

$$\sigma = \sqrt{\sigma_1^2 + \sigma_2^2} \tag{4-23}$$

如果 $\dfrac{|D|}{\sigma} = 3$ 或 $|D| \geq 3\sigma$，则认为这两次测量带有系统误差。

例2 对某物体的重量进行了两次测量，得到两组观测值，见表4-2。判断两次测量的可靠性。

表4-2 两组实验数据结果比较

序号	第一组（g）	第二组（g）	序号	第一组（g）	第二组（g）
1	2.30143	2.31024	7	2.29849	2.31001
2	2.29890	2.31010	8	2.29889	2.31163
3	2.29896	2.31028	9	2.30074	2.30956
4	2.30182	2.31017	10	2.30054	
5	2.29869	2.30980	μ	2.29971	2.31022
6	2.29940	2.31010	σ	0.00042	0.00019

解 第一组：平均值 μ_1=2.29971g，标准差 σ_1=0.00042g。

第一组：平均值 μ_2=2.31022g，标准差 σ_1=0.00019g。

两组平均之差：$D=\mu_1-\mu_2$=−0.01051g，取绝对值为 0.01051g。

两组差的标准差：$\sigma=\sqrt{\sigma_1^2+\sigma_2^2}$=0.00046g。

可以算得 $\dfrac{D}{\sigma}=\dfrac{0.01051}{0.00046}=22.8$，可见 $\dfrac{D}{\sigma}\gg 3$，故可以判断两次测量所用的仪器或方法存在显著差异（系统误差），或者是同一台仪器测定的是两个物体的重量（或同一物体其重量前后有所变化）。

4.3.4 间接测定误差

1. 间接测定误差的估计

在材料力学实验中，有些物理量是通过间接测量得到的。如测定弹性模量 E 时，首先须测量横截面面积 A、长度 l、载荷 P 及变形 Δl，然后再由下式计算 E 值。

$$E=\frac{Pl}{A\Delta l} \tag{4-24}$$

式中，每一物理量都各有其本身误差。由此必导致函数 E 产生误差。现在的目的是根据各物理量的误差来估计函数的误差。

设函数 $V(x,y)$ 是想测的对象，x 和 y 是可以直接测量的两个独立的物理量。如 x，y 均表示其真值，Δx 和 Δy 分别表示对应的绝对误差，则由此引起的函数的绝对误差应为

$$\Delta V=V(x+\Delta x,y+\Delta y)-V(x,y)$$

根据泰勒公式，将 $V(x+\Delta x,y+\Delta y)$ 展开并略去高阶微量，则得

$$\Delta V=V(x,y)+\frac{\partial V}{\partial x}\Delta x+\frac{\partial V}{\partial y}\Delta y-V(x,y)$$

所以

$$\Delta V=\frac{\partial V}{\partial x}\Delta x+\frac{\partial V}{\partial y}\Delta y$$

函数的相对误差为

$$\delta_v=\frac{\Delta V}{V}=\frac{x}{v}\cdot\frac{\partial V}{\partial x}\cdot\frac{\Delta x}{x}+\frac{y}{V}\cdot\frac{\partial V}{\partial y}\cdot\frac{\Delta y}{y}$$

$$=\frac{x}{V}\cdot\frac{\partial V}{\partial x}\cdot\delta x+\frac{y}{V}\cdot\frac{\partial V}{\partial y}\cdot\delta y \tag{4-25}$$

式中 δx 和 δy 分别表示 x 和 y 的相对误差：

$$\delta_x=\frac{\Delta x}{x} \qquad \delta_y=\frac{\Delta y}{y}$$

在一般情况下，常遇到的是代数方程。由式（4-25）可以导出几种常见的函数的相对误差公式。

（1）积的误差

$$V=xy \tag{4-26}$$
$$\delta_v = \delta_x + \delta_y$$

（2）商的误差

$$V = \frac{x}{y} \tag{4-27}$$
$$\delta_v = \delta_x + \delta_y$$

考虑最不利的情况，故将上式中的 δ_x 和 δ_y 取相同的符号，以表示误差最大值。

（3）幂函数的误差

$$V = x^n$$
$$\delta_v = n\delta_x \tag{4-28}$$

例如，已知弹性模量函数为

$$E = \frac{Pl}{A\Delta l}$$

根据式（4-27）和式（4-28），可得 E 的相对误差为 δ_E：

$$\delta_E = \delta_P + \delta_l + \delta_A + \delta_{\Delta l}$$

若试件为圆形截面，$A = \frac{\pi}{4}d^2$，则由式（4-28）可知横截面面积 A 的误差 δ_A 为直径 d 的误差 δ_d 的 2 倍，$\delta_A = 2\delta_d$。因此，δ_E 还可以写成

$$\delta_E = \delta_{P+} \delta_e + 2\delta_d + \delta_{\Delta P} \tag{4-29}$$

式中，载荷、长度、直径和变形各相对误差均取最大绝对值。根据实际情况，可选取测量误差限度 δ_{max} 或设备、仪器的最大误差作为各个相对误差。当已知 δ_P、δ_l、δ_d、$\delta_{\Delta P}$ 时，即可由式（4-29）来估算出 E 的最大相对误差。可以看到直径误差 δ_d 的影响较大，故应选用精度较高的测量工具。

而在实际应用中，标准正态偏量应用最多。当已知正态频率曲线时，百分位值 x_p 与存活率 P 之间存在一一对应关系。这两个值与积分下限 $u_p = \frac{x_P - u}{\sigma}$ 之间对应关系可通过表 4-3 查得。

表 4-3　　　　　　　　　　u_p 和 P 数值表

u_p	x_p	$p = P(\zeta > x_p)$	u_p	x_p	$p = P(\zeta > x_p)$
-3.0	$\mu - 3.0\sigma$	0.9987	-0.7	$\mu - 0.7\sigma$	0.7580
-2.9	$\mu - 2.9\sigma$	0.9981	-0.6	$\mu - 0.6\sigma$	0.7257
-2.8	$\mu - 2.8\sigma$	0.9974	-0.5	$\mu - 0.5\sigma$	0.6915
-2.7	$\mu - 2.7\sigma$	0.9965	-0.4	$\mu - 0.4\sigma$	0.6554
-2.6	$\mu - 2.6\sigma$	0.9953	-0.3	$\mu - 0.3\sigma$	0.6179
-2.5	$\mu - 2.5\sigma$	0.9938	-0.2	$\mu - 0.2\sigma$	0.5793
-2.4	$\mu - 2.4\sigma$	0.9918	-0.1	$\mu - 0.1\sigma$	0.5398
-2.3	$\mu - 2.3\sigma$	0.9893	0	μ	0.5000
-2.2	$\mu - 2.2\sigma$	0.9861	0.1	$\mu + 0.1\sigma$	0.4602
-2.1	$\mu - 2.1\sigma$	0.9821	0.2	$\mu + 0.2\sigma$	0.4207
-2.0	$\mu - 2.0\sigma$	0.9772	0.3	$\mu + 0.3\sigma$	0.3921
-1.9	$\mu - 1.9\sigma$	0.9713	0.4	$\mu + 0.4\sigma$	0.3446
-1.8	$\mu - 1.8\sigma$	0.9641	0.5	$\mu + 0.5\sigma$	0.3085
-1.7	$\mu - 1.7\sigma$	0.9554	0.6	$\mu + 0.6\sigma$	0.2743
-1.6	$\mu - 1.6\sigma$	0.9452	0.7	$\mu + 0.7\sigma$	0.2420
-1.5	$\mu - 1.5\sigma$	0.9332	0.8	$\mu + 0.8\sigma$	0.2119
-1.4	$\mu - 1.4\sigma$	0.9192	0.9	$\mu + 0.9\sigma$	0.1841
-1.3	$\mu - 1.3\sigma$	0.9032	1.0	$\mu + 1.0\sigma$	0.1587

u_p	x_p	$p=P(\zeta > x_p)$	u_p	x_p	$p=P(\zeta > x_p)$
-1.2	$\mu - 1.2\sigma$	0.8849	1.1	$\mu + 1.1\sigma$	0.1357
-1.1	$\mu - 1.1\sigma$	0.8643	1.2	$\mu + 1.2\sigma$	1.1151
-1.0	$\mu - 1.0\sigma$	0.8413	1.3	$\mu + 1.3\sigma$	0.0968
-0.9	$\mu - 0.9\sigma$	0.8159	1.4	$\mu + 1.4\sigma$	0.0808
-0.8	$\mu - 0.8\sigma$	0.7881	1.5	$\mu + 1.5\sigma$	0.0668
1.6	$\mu + 1.6\sigma$	0.0548	2.4	$\mu + 2.4\sigma$	0.0082
1.7	$\mu + 1.7\sigma$	0.0446	2.5	$\mu + 2.5\sigma$	0.0062
1.8	$\mu + 1.8\sigma$	0.0359	2.6	$\mu + 2.6\sigma$	0.0047
1.9	$\mu + 1.9\sigma$	0.0287	2.7	$\mu + 2.7\sigma$	0.0035
2.0	$\mu + 2.0\sigma$	0.0228	2.8	$\mu + 2.8\sigma$	0.0026
2.1	$\mu + 2.1\sigma$	0.0179	2.9	$\mu + 2.9\sigma$	0.0019
2.2	$\mu + 2.2\sigma$	0.0139	3.0	$\mu + 3.0\sigma$	0.0013
2.3	$\mu + 2.3\sigma$	0.0107			

2. 间接测量中误差的传递

在测量中，有些物理量是可以直接测量的，如长度、重量和时间等；有些物理量是不能直接测量的，如屈服强度、强度极限、延伸率和断面收缩率等。对于这些不能直接测量的物理量，必须通过一些直接测得到的数值，按照一定的公式去计算得到。由于各直接测定的数值都含有误差，这就是所谓的误差的传递。

（1）误差传递的方式

假设力学性能指标 N（间接测定值）是由 u_1, u_2, $\cdots$, u_n 直接测定量决定，即 $N=f(u_1, u_2, \cdots, u_n)$。令 Δu_1, Δu_2, $\cdots$, Δu_n 为直接测定量 u_1, u_2, $\cdots$, u_n 的误差，ΔN 为由于 Δu_1, Δu_2, $\cdots$, Δu_n 所引起的 N 的误差。则有

$$N=\Delta N=f(u_1+\Delta u_1, u_2+\Delta u_2, \cdots, u_n+\Delta u_n) \tag{4-30}$$

（2）误差传递的公式

简单函数的误差传递方式，标准误差的计算公式，常见函数确定的误差传递公式。

3. 误差传递公式在间接测量中的应用

在力学实验间接测量中有以下两类常见的问题。

① 误差的传递：又称误差的综合，给定一组直接测定的误差，要求计算间接测量的误差。可以利用绝对误差、相对误差和标准误差的传递来解决。

② 误差的分配：给定间接测定量的误差，要求计算各个直接测定量的最大允许误差。

4.4　实验数据的处理

4.4.1　有效数据

在表达一个数量时，其中的每一个数字都是准确的、可靠的，而只允许保留最后一位估计数字，这个数量的每一个数字为有效数字。

1. 理论计算结果

如 π、e、$\sqrt{2}$ 和 $\dfrac{1}{3}$ 等，可以根据需要计算到任意位数的有效数字。如 π 可以取到 3.14、3.141、3.1415、3.14159 等。故这一类数量，其有效数字的倍数是无限的。

2．测量结果

该类数量末一位数字往往是估计得来，具有一定的误差和不确定性。例如用千分尺测量试件的直径，读得 10.47mm，其中百分位是 7，因千分尺的精度是 0.01mm，所以百分位上的 7 已不大准确，而前 3 位数是准确、可靠的，最后一位数字已带有估计的性质。所以对于测量结果，只允许保留最后一位不准确的数字，这是一个 4 位有效数字的数量。

3．关于 0 的问题

0 在数字之间与末尾时，均为有效数字。例如 15.40mm、10.08mm 等，其中出现的 0 都是有效数字。

小数点前面出现的 0 和它之后紧接着的 0 都不是有效数字。例如，在测量一个杆件长度时，得到 0.00320m，这时前面 3 个 0 均非有效数字，因为这些 0 只与所取的单位有关，而与测量的精确度无关，该值为 3.20m，故有效数字是 3 位。

对于指数表示法，10 前面的数字代表有效数字。例如 12000 m 写成 1.2×10^4m，则表示有效数字是 2 位，如果把它写成 1.20×10^4m，则表示有效数字是 3 位。

4．自变量 x 和因变量 y 数字位数的取法

因变量 y 的数字位数取决于自变量 x，若自变量 x 测定时有误差，则其有效数字取决于实验的精确度。例如，测量拉伸试件的工作直径，其名义值为 10 mm，若用千分尺测量，因其精确度为 0.01mm，因此，试样直径计算的试样横截面面积为 3 位有效数字。再根据实验测得的载荷计算屈服极限和强度极限，这些应力值有效数字位数最多取 3 位。

4.4.2 数值修约规则

数值修约采用国家标准 GB/T 8107—2008《数值修约规则与极限数值的表示与判定》的规定。

修约规则与修约间隔（修约值的最小数值单位）有关。如指定修约间隔为 0.1，修约值即应在 0.1 的整数倍中选取，将数值修约到 1 位小数；指定间隔为 100，修约值应在 100 的整数倍中选取，相当于将数值修约到百去掉位。

4.4.3 1 单位修约

为了避免四舍五入规则造成的误差较大，一般采用四舍六入五成双法则，但应一次性修约到指定位数，不可进行数次修约。下面分别进行说明。

（1）拟舍弃数字的最左一位小于 5 时，则舍去，即保留各位数字不变。

（2）拟舍弃数字的最左一位大于 5 或等于 5，但其后跟有并非全部为 0 的数字时，则进 1，即保留的末尾数字加 1。

（3）当尾数为 5，而尾数后面的数字均为 0 时。看尾数 5 的前一位：若前一位数字为奇数，向前进一位；若前一位数字为偶数，则应将尾数舍去。数字 0 在此时应被视为偶数。

例如，将数字全部修约到两位小数，结果为 12.6450→12.64；18.2750→18.28；12.7350→12.74；21.845000→21.84。

以上记忆口诀为"四舍六入五成双法则"，举例如下。

修约到 1 位小数：12.1498→12.1；修约到个位数：10.502→11；修约到百位数：1268→13×10^2

修约间隔 0.1：1.050→1.0，0.350→0.4；修约间隔 10^3：2500→2×10^3，3500→4×10^3。

（4）负数修约时，取绝对值按照上述（1）～（3）的规定进行修约，再加上负号。

（5）不允许连续修约。例如，要求修约 15.4546，修约间隔为 1。正确的做法为 15.4546→15；

不正确的做法为 15.454→15.455→15.46→15.5→16。

4.4.4　0.5 及 0.2 单位修约

1. 0.5 单位修约（半个单位修约）

修约间隔为指定位数的 0.5 单位，即修约至指定位数的 0.5 单位。将拟修约数字乘以 2，按指定数位依进舍规则修约，所得数值再除以 2。

2. 0.2 单位修约

修约间隔为指定位数的 0.2 单位，即修约至指定位数的 0.2 单位。将拟修正数乘 5，按指定数位依进舍规则修约，所得数字再除以 5。

例如，0.5 单位修约与 0.2 单位修约的举例见表 4-4。

表 4-4　　　　　　　　　　0.5 单位修约与 0.2 单位修约的举例

0.5 单位修约				0.2 单位修约			
A（拟修约值）	2×A（拟修约值乘2）	2A 修约值（修约间隔1）	A 拟修约值（修约间隔0.5）	A（拟修约值）	5×A（拟修约值乘5）	5A 修约值（修约间隔1）	A 拟修约值（修约间隔0.5）
60.25	120.50	120	60.0	8.30	41.50	42.00	8.4
60.38	120.76	121	60.5	8.42	42.10	42.00	8.4
60.75	−121.50	−122	−61.0	−9.30	48.50	48.00	−9.2

4.4.5　最终测量结果修约

最终测量结果应不再含有可修正的系统误差。

力学实验所测定的各项性能指标及测试结果的数值，一般是通过测量和运算得到的。由于计算的特点，其结果往往出现多位或无穷多位数字。但这些数字并不是都具有实际意义。在表达和书写这些数值时，必须对它们进行修约处理。

对数值进行修约之前，应明确保留几位数的有效数字，也就是说应修约到哪一位数。性能数值的有效位数主要测定测试的精确度。例如，某一性能数值的测试精确度为 ±1%，则计算结果保留 4 位或 4 位以上有效数字，显然是没有实际意义的，夸大了测量的精确度。在力学性能测试中，测量系统的固有误差和方法误差决定了性能数值的有效位数。

测得金属材料拉伸力学性能数值接近表 4-5 进行修约，参照 GB/T 228-2002 标准。

表 4-5　　　　　　　　　　金属材料拉伸力学性能数值修约

测试项目	范围	修约到	测试项目	范围	修约到
R_{eH}，R_{el}，R_p，R_t，R_m	≤200MPa	1 MPa	A	≤10%	0.5%
	>200～1000 MPa	5 MPa		>10%	1%
	>1000 MPa	10MPa	Z	≤25%	0.5%
				>25%	1%

4.5　量纲分析和相似理论

量纲分析和相似理论是力学实验的基础知识，已在许多科学领域得到了广泛的应用。本节通过材料力学的一些例子，对量纲分析和相似理论的基本原理和方法作简单的介绍。并着重介绍与本书有关的拉伸试件相似律和模型应力分析相似律，不对其理论进行详细的论证和严格的推导。

4.5.1　单位和量纲

在科学实验中常常需要测量各种物理量，测量时需要选用适当的单位。如测量某物体的长度，可选用 m、cm、mm 等单位；测量某段时间间隔可选用 h、min、s 等单位。尽管存在各种各样的物理量，但在一般情况下，只需对其中三种基本物理量定出单位就够了，其他物理量的单位可以由基本物理量的单位导出。基本物理量的单位称为基本单位，可以由基本单位导出的其他物理量的单位称为导出单位。由于所选用的基本物理量不同，目前有如下两类惯用的单位制。

1. 绝对单位制

此类单位制以长度、时间、质量为基本物理量。物理中常采用 MKS 制（国际单位制）。其基本单位是 m、kg、s。此处 kg 是质量单位。在 MKS 制中力的单位是 "N"，也是导出单位。$1N = 1kg \cdot m/s^2$。

2. 工程单位制

此类单位制以长度、力、时间为基本物理量。常用的是 MKGFS 制。其基本单位是 m、kgf、s。该单位制中，质量的单位是导出单位，为 "千克·秒^2/米"。

可以看出，单位有两个含义：一是表示被测物理量的类型，二是表示测量的 "尺度"。如 m、cm、mm 都属于长度的度量单位，故都可以作为长度这一类物理量的度量单位，但它们的 "尺度" 是不同的。被测物理量的类型用量纲来表示；属于同一类型物理量具有相同的量纲。用以下符号表示物理量的量纲：长度量纲［L］、时间量纲［T］、质量量纲［M］、力的量纲［F］。

与基本单位相对应的是基本量纲，与导出单位相对应的是导出量纲。在绝对单位制中基本量纲是［L］、［M］、［T］。力的量纲是导出量纲，写作［MLT^{-2}］。在工程单位制中基本量纲是［L］、［F］、［T］。质量量纲是导出量纲，写作［FT^{2}L^{-1}］。

其他物理量的量纲可根据定义或关系方程式导出。例如应力被定义为单位面积上所作用的力，故应力的量纲为［FL^{-2}］（工程单位制）。

有些物理量，例如角度，以弧长和半径的比值来度量，其单位可用 rad 表示。但由于与基本量纲无关，故角度是无量纲的。

4.5.2　量纲分析

量纲表示各种物理量的基本度量，因此反映物理量之间关系的方程式中各项的量纲必须相同，否则就会出现诸如长度与时间相加之类的错误。这就是量纲齐次原则。有时不能用解析法导出某一物理现象的基本方程式，但可以借助量纲分析建立它们之间的关系。如果已知有哪些物理量参与某一物理现象，即可利用上述原则找出它们之间的一般关系式。例如，已知物体做匀速圆周运动与物体质量 M、圆半径 R、线速度 V、向心力 F 诸物理量有关，试求其关系式。首先写出量纲表达式：

$$[V] = [F^p M^q R^r] \tag{4-31}$$

这几个物理量的量纲是（绝对单位制）

$$[V] = [LT^{-1}], \quad [R] = [L]$$
$$[M] = [M], \quad [F] = [MLT^{-2}]$$

故式（4-31）可写成

$$[LT^{-1}] = [(MLT^{-2})^p M^q L^r]$$
$$= [M^{p+q} L^{p+r} T^{-2p}]$$

根据量纲齐次原则，必须使

$$p+q=0, \quad p+r=1, \quad -2p=-1$$

解得　　　$p=1/2, \quad q=-1/2, \quad r=1/2$

所以

$$[V]=[F^{1/2}M^{-1/2}R^{1/2}]$$

从而

$$-V=\sqrt{\dfrac{FR}{M}} \tag{4-32}$$

此即匀速圆周运动线速度公式。

从上例可以看出，匀速圆周运动涉及 4 个物理量，其中 3 个的量纲是独立的，如 F、R 和 M，因为其中任意两个量的量纲结合（乘、除、指数等代数运算）不能导出第三个量的量纲。这样，从量纲表达式可以得到 3 个相互独立的方程式，故 3 个未知数 p、q 和 r 有解。因此，如果量纲独立的量为 n 个，则参与现象的全部物理量为（$n+1$）个时未知量可解。若全部物理量多于（$n+1$）个，则未知量不可能用上述方法解出。

现在考虑一块有限宽板的 I 型裂纹应力强度因子 K_1 的问题。以 σ 表示应力，a 表示半裂纹长度，W 表示板宽。它们的一般关系式可写成

$$f(K_1, \sigma, a, W)=0 \tag{4-33}$$

量纲的表达式为

$$[K_1]=[\sigma^p a^q W^r]$$

上式中各物理量量纲（绝对单位制）分别为

$$[K_1]=[ML^{-1/2}T^2], \quad [\sigma]=[ML^{-1}T^2],$$
$$[a]=[L], \quad [W]=[L]$$
$$\therefore [ML^{-1/2}T^2]=[M^pL^{-(p+q+r)}T^{2p}],$$
$$\therefore p=1, \quad -p+q+r=-1/2, \quad -2p=-2$$

解得　　　　　$p=1, \quad q=1/2-r$

可以看出这 4 个物理量中量纲独立的只有两个，故未知指数不能完全确定。于是

$$[K_1]=\left[\sigma\sqrt{a}\left(\dfrac{W}{a}\right)^r\right]$$

由于 $\dfrac{W}{a}$ 是无量纲的量，故指数可取任意值，如取 $r=-1$，则

$$\left[\dfrac{K_1}{\sigma\sqrt{a}}\right]=\left[\dfrac{a}{W}\right]$$

等式两边皆为无量纲量。令

$$\pi_1=\dfrac{K_1}{\sigma\sqrt{a}}, \quad \pi_2=\dfrac{a}{W}$$

由式（4-33）可知，它们可写成如下一般函数形式

$$F(\pi_1, \pi_2)=0 \tag{4-34}$$

或者　　　　　　　$\pi_1=c\phi(\pi_2)$

于是

$$\dfrac{K_1}{\sigma\sqrt{a}}=c\phi\left(\dfrac{a}{W}\right) \tag{4-35}$$

由断裂力学可知，无量纲常数 $c=\sqrt{\pi}$，$\phi\left(\dfrac{a}{W}\right)=\left(\sec\dfrac{\pi a}{W}\right)^{1/2}$

$\therefore K_1=\sigma\sqrt{\pi a}\sqrt{\sec(\pi a/W)}$

由以上分析可以看出，4 个物理量之间的关系方程式（4-33）可以简化为 2 个无量纲乘积之间的关系方程式（4-34）。这就是量纲分析中 π 定律的基本思想。π 定律可陈述如下：如有 n 个物理量参与某一物理现象，并且其中有 K 个物理量量纲是彼此独立的，那么 n 个物理量之间的关系方程式可简化为（$n-k$）个无量纲乘积之间的关系方程式。

4.5.3　相似理论

在力学实验中，常常需用模型代替实物进行测量。由于实际条件需要，模型和实物的材料和尺寸都可能不尽相同。例如，光弹性实验中要用透明塑料代替金属材料。模型实验应尽可能模拟实物的力学现象，以便把从模型实验中测得的数值换算为实际问题所需要的数值。这就要求模型实验和实际问题所涉及的物理量是相同的，并且应遵循相同的物理规律，即有相同的关系式。同类物理量还应成常数比例。

在力学实验中，首先，模型和实物之间通常要满足几何相似、边界条件相似和载荷相似。几何相似是指模型的所有尺寸与实物尺寸之比为同一比例常数。边界条件相似是指边界上的约束条件相似。载荷相似是指模型和实物承受载荷的种类（如集中力、分布力、力偶等）、作用点、方向和大小的相似。其次，力学现象中涉及的其他物理量，如材料的弹性模量、泊松比等一般也要满足相似条件。

现举例说明实验中有关相似理论的问题。

设有一等截面直杆，两端受偏心拉力 P，偏心距为 l。已知杆中最大拉应力为

$$\sigma=\frac{Pl}{W}+\frac{P}{A}\qquad\qquad(4\text{-}36)$$

式中，W 为抗弯截面系数，A 为横截面面积。

用 σ 除式中各项，得到无量纲方程如下：

$$1=\frac{Pl}{\sigma W}+\frac{P}{\sigma A}\qquad\qquad(4\text{-}37)$$

显然，模型实验中各物理量也应满足上式。于是有

$$1=\frac{P'l'}{\sigma'W'}+\frac{P'}{\sigma'A'}\qquad\qquad(4\text{-}38)$$

模型和实物的同类物理量应满足相似，即有

$$P'=C_pP，\quad l'=C_lL，\quad \sigma'=C_\sigma\sigma，\quad W'=C_wW，\quad A'=C_AA\qquad(4\text{-}39)$$

式中，C_p、C_l、C_c、C_w、C_A 称为相似系数。

将式（4-39）代入式（4-38），得到

$$1=\frac{C_pC_l}{C_cC_w}\times\frac{Pl}{\sigma W}+\frac{C_p}{C_\sigma C_A}\times\frac{P}{\sigma A}\qquad\qquad(4\text{-}40)$$

将式（4-40）与式（4-37）比较，若要两现象相似，必须使

$$\frac{C_pC_l}{C_cC_w}=1,\quad \frac{C_p}{C_\sigma C_A}=1$$

它说明相似理论中的一个定律，即一现象中各物理量之间的关系方程式都可以转换成无量纲方程，无量纲方程中的各项就是相似判据。相似判据相同的现象是相似现象。

下面利用上述规律解决拉伸试件相似律问题。设拉伸试件的残余伸长 Δl_k 由两部分组成，如图 4-5 所示。即

$$\Delta l_k = \Delta l_b + \Delta l_u \qquad (4\text{-}41)$$

此处，Δl_b 为到达破坏载荷前的均匀伸长量，Δl_u 为局部伸长量。拉断后的延伸率为

$$\delta = \frac{\Delta l}{l_0} = \frac{\Delta l_b}{l_0} + \frac{\Delta l_u}{l_0} \qquad (4\text{-}42)$$

由实验可知，Δl_b 与试件标距 l_0 成正比；Δl_u 与横截面面积 A_0 的平方根成正比，即

$$\Delta l_b = \beta l_0, \quad \Delta l_u = \gamma \sqrt{A_0} \qquad (4\text{-}43)$$

式中，β 和 γ 均为常数。对于同一材料，β 值是几乎不变的。

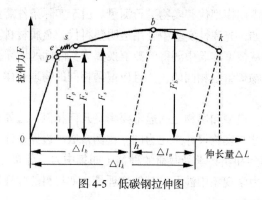

图 4-5　低碳钢拉伸图

假如试件是圆形截面，或者是具有宽度 b 和厚度 a 且符合 $1 \leqslant \dfrac{b}{a} \leqslant 5$ 的矩形截面，则对同一材料，γ 值也是不变的。将式（4-43）代入式（4-42），得

$$\delta = \beta + \gamma \frac{\sqrt{A_0}}{l_0} \qquad (4\text{-}44)$$

或写成

$$1 = \frac{\beta}{\delta} + \gamma \frac{\sqrt{A_0}}{\delta l_0} \qquad (4\text{-}45)$$

根据前述定律，相似判据为

$$\frac{\beta}{\delta} = 常数 \qquad \gamma \frac{\sqrt{A_0}}{\delta l_0} = 常数 \qquad (4\text{-}46)$$

因此，如果用相同材料的比例试件代替标准试件进行拉伸实验，并要求得到相同的延伸率，则必须满足式（4-46）。如前所述，β 和 γ 为常数，故相似系数 $C_\beta = 1$ 和 $C_\gamma = 1$。根据延伸率相同的要求，故 $C_\delta = 1$。这样，拉伸试件的相似判据（拉伸试件相似律）应为

$$\frac{\sqrt{A_0}}{l_0} = 常数 \qquad (4\text{-}47)$$

因标准圆试件的 l_0 与 d_0（直径）之比为 10 或 5，于是由式（4-47）即可定出相似系数。
当 $l_0 = 10d_0$ 时

$$\frac{l_0}{\sqrt{A_0}} = \frac{l_0}{\sqrt{\dfrac{\pi d_0^2}{4}}} = 11.3 \qquad (4\text{-}48)$$

当 $l_0=5d_0$ 时

$$\frac{l_0}{\sqrt{A_0}} = \frac{l_0}{\sqrt{\frac{\pi d_0^2}{4}}} = 5.65 \tag{4-49}$$

所以，比例试件应满足式（4-48）或式（4-49）。

以上两例都是在关系方程式确定情况下得到相似判据的。如果参与某物理现象的各物理量之间的关系方程式未知，也可以利用前面提到的量纲分析方法找出相似判据。下面以弹性体应力分布为例予以说明。

考虑一弹性体（实物），在一般情况下其任意一点处的应力 σ 只与载荷和几何尺寸有关。载荷以某一特定力 P 表示，几何尺寸以某一特定长度 l 有关。各物理量的量纲分别为

$[\sigma] = [ML^{-1}T^{-2}]$，$[P] = [MLT^{-2}]$，$[l] = [L]$ 不难看出这三个物理量中，只有两个物理量量纲是独立的。故无量纲方程可以写成

$$\phi\left(\frac{P}{\sigma l^2}\right) = 1 \tag{4-50}$$

对于模型实验，载荷 P'、应力 σ' 和几何尺寸 l' 也应遵循式（4-50），故有

$$\phi\left(\frac{P'}{\sigma' l'^2}\right) = 1 \tag{4-51}$$

令 $\sigma'=C_\sigma\sigma$，$P'=C_P P$，$l'=C_l l$，并将它们代入式（4-50），得

$$\phi\left(\frac{C_p}{C_\sigma C_l^2} \cdot \frac{P}{\sigma l^2}\right) = 1 \tag{4-52}$$

比较式（4-50）与式（4-51），可知要两现象相似，必须满足

$$\frac{C_p}{C_\sigma C_l^2} = 1 \tag{4-53}$$

或

$$\frac{\sigma p' l^2}{\sigma' p l'^2} = 1$$

即

$$\frac{\sigma l^2}{p} = \frac{\sigma' l'^2}{p'} = \text{const} \tag{4-54}$$

式（4-54）为模型应力分析的相似判据（相似律）。

最后必须强调，模型和实物除了要满足上述的相似定律外，有时还必须满足其他一些相似性的要求。深入了解的读者可参阅有关书籍。

实验实训一　材料在轴向拉伸时力学性能检测

专业_____ 班级_____ 日期_____ 姓名_____

一、实验实训目的

二、实验实训设备与工具

三、实验实训数据记录及处理

（一）实验前数据

表1　　　　　　　　　　　　　　　　实验前数据表

材料	初始标距 l_0	试件直径 d（mm）			最小直径	横截面面积 S_0（mm²）
		截面（上）	截面（中）	截面（下）		
		d_{01}	d_{02}	d_{03}	d_0	
低碳钢						
铸铁						

（二）实验后数据

表2　　　　　　　　　　　　　　　　　　　实验后数据表

材料	断后标距 l_1（mm）	断口处直径			屈服载荷 P_s（kN）	最大载荷 p_b（kN）
		d_{11}	d_{12}	$d_{1（平均）}$		
低碳钢						
铸铁						

（三）数据处理

1. 计算屈服极限。

$$R_{eL}=\frac{p_s}{S_0}=$$

2. 计算强度极限。

$$R_m=\frac{p_b}{S_0}=$$

3. 断后伸长率。

$$A=\frac{l_1-l_0}{l_0}\times100\%=$$

4. 断面收缩率。

$$Z=\frac{S_0-S_u}{S_0}\times100\%=$$

5. 绘制断口形状。

6. 绘制 P-Δl 曲线图

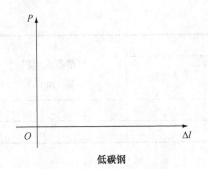

低碳钢　　　　　　　　　　　　　　　　　铸铁

四、实验实训结果分析

实验实训二　材料在轴向压缩时的力学性能检测

专业_____　班级_____　日期_____　姓名_____

一、实验实训目的

二、实验实训设备与工具

三、实验实训数据记录及处理

（一）实验前数据

表1　　　　　　　　　　　　　　　　实验前数据表

材料	高度 h_0（mm）	试件直径 d（mm）			横截面面积 S_0（mm²）
		d_1	d_2	平均值	
低碳钢					
铸铁					

（二）实验后数据

表2　　　　　　　　　　　　　　　　实验后数据表

材料	高度 h_0（mm）	断口处直径			屈服载荷 P_s（kN）	最大载荷 P_b（kN）
		d_{11}	d_{12}	平均值		
低碳钢						—
铸铁					—	

（三）数据处理

1.　低碳钢试件的屈服载荷

$P_s =$ _____ kN

2.　铸铁试件的最大载荷

$P_b =$ _____ kN

3.　低碳钢的屈服极限

$$R_{eLc} = \frac{P_s}{S_0} = \underline{\qquad} \text{MPa}$$

4.　铸铁的强度极限

$$R_{mc} = \frac{P_b}{S_0} = \underline{\qquad} \text{MPa}$$

（四）绘制压缩曲线

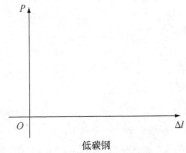

低碳钢

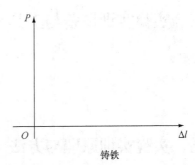

铸铁

（五）绘制低碳钢和铸铁破坏后的形状

四、实验实训结果分析

实验实训三 金属扭转实验

专业_____ 班级_____ 日期_____ 姓名_____

一、实验实训目的

二、实验实训设备与工具

三、实验实训原理与方法

1. 测定低碳钢扭转时的强度性能指标。

2. 测定灰铸铁扭转时的强度性能指标。

四、实验实训步骤

1. 低碳钢

2. 铸铁

五、实验实训数据记录及处理

1. 低碳钢扭转。

（1）低碳钢直径 D 的测量。

表 1 　　　　　　　　　　低碳钢直径 D 的测量记录

部位	第一次测量	第二次测量	第三次测量
上部			
中部			
下部			

（2）低碳钢定位环间距 L 的测量。

表 2 　　　　　　　　　　低碳钢定位环间距 L 的测量记录

定位环间距	第一次测量	第二次测量	平均值
L			

（3）线性阶段相关数据。

表 3 　　　　　　　　　　线性阶段相关数据

扭矩 M（N·m）	扭转角 ψ（°）	相对扭转角 ψ_0（°）

2. 铸铁扭转。

铸铁直径 D 的测量结果如下。

表 4　　　　　　　　　　　　　　铸铁直径 D 的测量记录

铸铁直径	第一次测量	第二次测量	第三次测量
上部			
中部			
下部			

六、实验实训结果分析

1. 低碳钢数据处理。

验证线性阶段的数据是否为一条直线，以验证比例极限内的扭转角公式。

2. 低碳钢的剪切模量 G。

3. 低碳钢和铸铁的剪切强度极限 τ_b。

七、实验实训结果讨论和思考

1. 试件的尺寸和形状对测定弹性模量有无影响？为什么？

2. 逐级加载方式所测出的弹性模量与一次加载到最终值所测得的弹性模量是否相同？为什么采用逐级加载的方式来测定材料的弹性模量？

3. 低碳钢和铸铁扭转情况有什么不同？试分析其原因。

实验实训四　剪切模量 *G* 的测定

专业＿＿＿＿＿＿　班级＿＿＿＿＿＿　日期＿＿＿＿＿＿＿　姓名＿＿＿＿＿＿

一、实验实训目的

二、实验实训设备与工具

三、试件

四、实验实训原理和方法

1. 电测法测剪切模量 *G*。

2. 扭角仪测剪切模量 *G*。

五、实验实训步骤

六、加载方案

七、实验实训数据记录及处理

八、误差分析

九、思考题

1. 电测法测剪切模量 G，试提出最佳的组桥方案，并画出桥路图。

2. 在安装扭角仪和百分表时，要注意什么问题？

十、实验实训感想和建议

实验实训五　简支梁纯弯曲部分正应力测定

专业_____　班级_____　日期_____　姓名_____

一、实验实训目的

二、实验实训设备与工具

三、实验实训数据记录及处理

（一）实验前数据

表 1　　　　　　　　　　　　　实验前数据表

测定距中性轴的距离		实验梁尺寸	宽度 b=20mm	梁的截面尺寸
y_1（mm）	-20		高度 h=40mm	
y_2（mm）	-10		跨度 l=600mm	
y_3（mm）	0			（实验简图）
y_4（mm）	+10		载荷距离 a=125mm	
y_5（mm）	+20		弹性模量 E=206~210MPa	

材料的弹性模量 E=_____ MPa

（二）实验后数据

表 2   实验后数据表

载荷 测点	P（N）	300	600	900	1200	1500	1800	$\Delta\varepsilon$ 平均
	ΔP（N）	300	300	300	300	300		
1	读数 ε							
	$\Delta\varepsilon$							
2	读数 ε							
	$\Delta\varepsilon$							
3	读数 ε							
	$\Delta\varepsilon$							
4	读数 ε							
	$\Delta\varepsilon$							
5	读数 ε							
	$\Delta\varepsilon$							

（三）数据处理

1. 实测应力增量（按胡克定律 $\Delta\sigma_i = E\Delta\varepsilon_i$）

$\Delta\sigma_1 = E\Delta\varepsilon_{1\,平均} \times 10^{-6} =$

$\Delta\sigma_2 = E\Delta\varepsilon_{2\,平均} \times 10^{-6} =$

$\Delta\sigma_3 = E\Delta\varepsilon_{3\,平均} \times 10^{-6} =$

$\Delta\sigma_4 = E\Delta\varepsilon_{4\,平均} \times 10^{-6} =$

$\Delta\sigma_5 = E\Delta\varepsilon_{5\,平均} \times 10^{-6} =$

2. 理论应力增量（按 $\Delta\sigma_i = \dfrac{\Delta M \cdot y_i}{I_z} = \dfrac{\Delta F_P a y_i}{2I_z}$ 计算）

$\Delta\sigma_1 =$

$\Delta\sigma_2 =$

$\Delta\sigma_3 =$

$\Delta\sigma_4 =$

$\Delta\sigma_5 =$

（四）根据实验结果描绘应力沿截面高度分布图

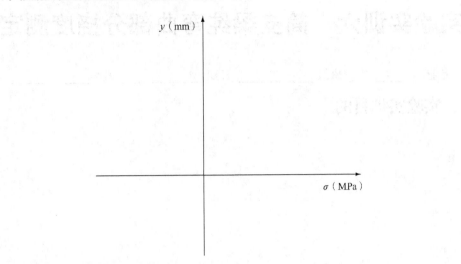

四、实验实训结果分析

五、实验实训感想和建议

实验实训六　简支梁纯弯曲部分挠度测定

专业＿＿＿＿＿　班级＿＿＿＿＿　日期＿＿＿＿＿　姓名＿＿＿＿＿

一、实验实训目的

二、实验实训设备与工具

三、实验实训数据记录及处理

（一）实验前数据

表1　　　　　　　　　　　　　　　实验前数据表

试样尺寸及有关数据		试样受力简图
跨度 l（mm）	600	
截面宽度 b（mm）	20	
载荷距离 a（mm）	125	
截面高度 h（mm）	40	
弹性模量 E（MPa）	2.1×10^5	
面积二次矩 I_z（mm^4）	$bh^3/12$	

材料的弹性模量 $E=$ ＿＿＿＿MPa。

（二）实验后数据

表 2 实验后数据表

载荷（N）	P（N）	300	600	900	1200	1500	1800	ΔP 平均
	ΔP（N）	300		300		300		300		300		300
测线位移百分比读数	读数 C							ΔC 平均
	ΔC							ΔB 平均
测线角位移百分比读数	读数 B							
	ΔB							

（三）数据处理

1. C 处线位移增量

实测值　　$\Delta y_\text{c}^* = \Delta C_{\text{平均}} =$

理论值　　$\Delta y_\text{c} = \dfrac{\Delta p \cdot a}{48EI} \times (3l^2 - 4a^2) =$

相对误差　　$\left| \dfrac{\Delta y_\text{c}^* - \Delta y_\text{c}}{\Delta y_\text{c}} \right| \times 100\% =$

2. B 截面处转角

实测值　　$\Delta \theta_\text{B}^* = \dfrac{\Delta \theta_{\text{平均}}}{e} =$

理论值　　$\Delta \theta_\text{B} = \dfrac{\Delta pa}{2EI} \times (l - a) =$

相对误差　　$\left| \dfrac{\Delta \theta_\text{B}^* - \Delta \theta_\text{B}}{\Delta \theta_\text{B}} \right| \times 100\% =$

四、实验实训结果分析

五、实验实训感想和建议

实验实训七　材料的弹性模量 E 和泊松比 μ 测定

专业＿＿＿＿＿＿　班级＿＿＿＿＿＿　日期＿＿＿＿＿＿　姓名＿＿＿＿＿＿

一、实验实训目的

二、实验实训设备与工具

三、实验实训步骤

四、实验实训数据记录及处理

（一）实验前数据

表1　　　　　　　　　　　　　实验前数据表

试件	厚度 h（mm）	宽度 b（mm）	横截面面积 $A_0=bh$（mm²）
矩形截面	5	30	
弹性模量 E=206～210GPa			
泊松比 μ=0.26			

（二）实验后数据

表 2 实验后数据表

荷载（N）	P	1000	2000	3000	4000	5000
	ΔP		1000	1000	1000	1000
轴向应变读数 $\mu\varepsilon$	ε_d					
	$\Delta\varepsilon_{dp}$					
	$\Delta\varepsilon_{dp}$					
	$\Delta\varepsilon_p$					
横向应变读数 $\mu\varepsilon'$	$\Delta\varepsilon_d'$					
	$\Delta\varepsilon_d'$					
	$\Delta\varepsilon_d'$ 平均值					
	ε_p'					

（三）数据处理

1. 弹性模量计算

$$E = \frac{\Delta p}{\overline{\varepsilon}\, A_0} =$$

2. 泊松比计算

$$\mu = \left| \frac{\overline{\Delta\varepsilon^r}}{\overline{\Delta\varepsilon}} \right|$$

五、实验实训结果分析

六、实验实训感想和建议

实验实训八　细长压杆稳定性的测定

专业_____ 班级_____ 日期_____ 姓名_____

一、实验实训目的

二、实验实训设备与工具

三、实验实训步骤

四、实验实训数据记录及其处理

（一）实验前数据

表1　　　　　　　　　　　　　实验前数据表

材料	试件长度 l（mm）	试件横截面尺寸		计算最小 I_{min}	长度系数 μ	弹性模量 E
		宽度 b（mm）	厚度 h（mm）			
低碳钢	396	20	2	$bh^3/12$	1	210GPa

压力传感器灵敏度数_____。

（二）实验后数据

表 2　　　　　　　　　　　　　　　实验后数据表

次数＼读数	刻度盘读数 δ	应变仪读数 δ
第一次		
第二次		

（三）根据载荷与读数绘制 P-δ 曲线

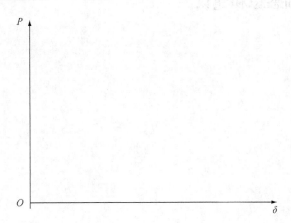

由 P-δ 曲线确定出的临界荷载 P_{cr} = _____。

（四）理论临界荷载值 $P_{cr} = $ _____。

五、实验实训结果分析

六、实验实训感想和建议

实验实训九　主应力实验

专业＿＿＿＿＿　班级＿＿＿＿＿　日期＿＿＿＿＿　姓名＿＿＿＿＿

一、实验实训目的

二、实验实训设备与工具

三、实验实训原理

四、实验实训步骤

五、实验实训数据记录

表1 各方向应变值的测定

试样编号 No.＿＿ 应变仪的灵敏系数 k_y =＿＿、应变计的灵敏系数 K＿＿。

方位 ＼ 次数	1	2	3	平均	修正值
−45°					
0°					
45°					

表2 试样的特征值

试样的几何尺寸/mm				试样的材料常数	
外径 D	内径 d	弯臂 L	扭臂 L_N	泊松比 μ	弹性模量 E/MPa

六、实验实训数据处理

表3 数据处理记录表

	主应力/ MPa			主方向 P		
	理论值	测量值	测量误差(%)	理论值	测量值	测量误差(%)
σ_1						
σ_2						

七、实验实训结果分析

八、思考题

1. 如果将实验中所使用的应变花逆时针方向旋转 45°，主应力的实测值是否与课本中的贴片方法相同？为什么？试推出旋转后的主应力和主方向的计算公式。

2. 如果换用 60° 的应变花应如何贴片？主应力和主方向的计算公式又如何？

九、实验实训感想和建议

参考文献

[1] 段明章. 材料力学实验 [M]. 北京：高等教育出版社，1998.

[2] 别永顺. 实验力学[M]. 西安：西北工业大学出版社，2000.

[3] 苏显文.建筑力学实验[M]. 成都：西南交通大学出版社，2003.